_____ 님의 소중한 미래를 위해
이 책을 드립니다.

설탕이
문제
였습니다

~~~ 설탕만 줄여도 100배 더 건강해진다 ~~~

설탕이
문제
였습니다

캐서린 바스포드 지음
신진철 옮김

메이트북스

메이트북스 우리는 책이 독자를 위한 것임을 잊지 않는다.
우리는 독자의 꿈을 사랑하고,
그 꿈이 실현될 수 있는 도구를 세상에 내놓는다.

설탕이 문제였습니다

초판 1쇄 발행 2018년 11월 15일 **│ 지은이** 캐서린 바스포드 **│ 옮긴이** 신진철
펴낸곳 ㈜원앤원콘텐츠그룹 **│ 펴낸이** 강현규 · 정영훈
책임편집 안미성 **│ 편집** 이가진 · 이수민 · 김슬미
디자인 최정아 **│ 마케팅** 한성호 · 김윤성 · 김나연 **│ 홍보** 이선미 · 정채훈
등록번호 제301 - 2006 - 001호 **│ 등록일자** 2013년 5월 24일
주소 06132 서울시 강남구 논현로 507 성지하이츠빌 3차 1307호 **│ 전화** (02)2234 - 7117
팩스 (02)2234 - 1086 **│ 홈페이지** www.matebooks.co.kr **│ 이메일** khg0109@hanmail.net
값 15,000원 **│ ISBN** 979-11-6002-182-0 03590

이 도서의 국립중앙도서관 출판시도서목록(CIP)은 e - CIP홈페이지(http://www.nl.go.kr/ecip)에서
이용하실 수 있습니다.(CIP제어번호: CIP2018034326)

설탕은
세상에서 가장 달콤한 독이다.

• 윌리엄 더프티(미국의 저명한 언론인 출신 작가) •

작은 습관이 큰 변화를 이끈다

지금 전 세계는 설탕과 총성 없는 전쟁을 치르고 있다. 설탕을 비만의 적으로 규정한 세계보건기구는 설탕의 하루 권장 섭취량을 대폭 낮춘 새로운 가이드라인을 발표했고, 각국 정부는 자국민의 설탕 섭취를 제한하기 위해 필사적으로 노력하고 있다.

하지만 이와 같은 노력에도 불구하고 우리가 '설탕과의 전쟁'에서 승리를 거두고 있다고 말하기는 힘들 것 같다. 전 세계인은 여전히 한 해 평균 68kg의 설탕을 먹고 있으며, 우리나라에서도 설탕 섭취량이 꾸준히 증가해 2008년 49.9g이었던 1인당 하루 섭취량은 2012년 65.3g까지 늘었다.

이 책에서도 수차례 강조하는 사실이지만, 설탕의 위험성은 단순한 비만이나 다이어트 문제로 국한되지 않는다. 설탕은 중성지방과 혈당 수치를 높여 심혈관계 질환, 뇌졸중, 당뇨병 등과 같은 치명적인 질병을 유발하는 '달콤한 살인자'로 우리의 건강을 심각하게 위협한다.

그러나 진짜 문제는 대부분의 사람들이 설탕의 '달콤하지 않은' 진실을 제대로 바라보지 못하는 데 있다. 순백의 가루 속에 이런 치명적인 위험이 도사리고 있다는 사실 자체가 우리에게 낯선 역설로 다가온다.

설탕의 유혹에서 벗어나기는 좀처럼 쉽지 않다. 우울하고 지치고 힘들 때 우리는 무의식적으로 달콤한 음식을 찾는다. 위로가 필요한 순간, 달콤한 케이크나 아이스크림을 한 입 베어 물 때의 만족감을 무엇이 대신할 수 있겠는가? 또한 의식적으로 설탕을 줄이려 해도 거의 모든 가공식품에 숨어 있는 설탕을 피하기란 결코 쉬운 일이 아니다.

이런 상황에서 저자는 우리에게 2가지의 현실적인 해결책을 제안한다. 첫째, 설탕을 한 번에 끊으려 노력하지 말고 단계적으로 설탕을 줄이라고 조언한다. 즉 매일매일 아주 쉽고 사소한 일을 꾸준히 실천하는 습관을 통해 뇌에 새로운 신경 통로를 만들고 설탕과 서서히 헤어지라는 것이다.

둘째, 날로 영악해지는 제조업체의 속임수에 맞서 스스로의 건강을 지킬 수 있는 현명한 소비자가 되라고 충고한다. 즉 자사의 제품을 화려하게 포장하는 마케팅의 상술에 속지 말고 합리적인 판단을 통해 보다 건강한 제품을 선택하는 것만이 우리가 할 수 있는 최선의 방법이라는 것이다.

　사실 설탕을 완전히 끊는 것은 불가능에 가깝다. 또한 설탕을 완전히 끊을 필요도 없다. 이 세상 모든 것과 마찬가지로 설탕 역시 과도함만 경계하면 된다. 그런 점에서 이 책은 우리 자신도 미처 모르고 있던 설탕에 대한 의존성을 점검하게 하고 설탕 중독을 피할 수 있는 유쾌한 대안을 제시함으로써, 이를 배울 수 있는 소중한 기회를 제공한다.
　이 책에 제시된 설탕과 기분 좋게 작별하는 방법을 즐겁게 따라하다 보면, 어느새 설탕을 멀리하고 그 대신 보다 건강하고 활기찬 삶을 살아가는 자신의 모습을 발견할 것이다. 중요한 것은 생각이 아니라 행동이다. 작은 습관을 통해 큰 변화를 이끌어내는 것, 그것이 바로 이 책이 전하려는 핵심 메시지다.

신진철

설탕에 대해 우리가 미처 몰랐던 아주 중요한 진실

10대 시절 필자는 차를 마실 때마다 2스푼의 설탕을 넣었다. 또한 하루에 6잔의 차를 마시는 일은 필자에게 있어 전혀 이상한 일이 아니었다. 이를 계산해보면 수년간 매일 티스푼 12회 분량의 설탕을 먹은 셈이다. 지금에서야 몸서리가 쳐지는 일이지만 그 당시에는 설탕을 타지 않은 차를 마신다는 것이 필자의 몸에는 전혀 맞지 않는 불가능한 일이라고 생각했다.

몇 년 후 대학교에서 실험심리학을 공부하기 시작하면서 뇌와 행동에 대해 배웠지만, 그때 배운 지식을 스스로에게 적용하지 못한 것이 아직도 큰 후회로 남는다. 여전히 차를 마실 때 설탕을 타고 시리얼에 설탕을 뿌려 먹으며 그것도 모자라 매일 아침 1잔의 주스를 곁들였기 때문이다. 저녁 식사에 대해 말하자면 즉석 국수와 초콜릿 케이크를 함께 먹는 전형적인 나이트클럽 뒤풀이 음식을 즐겼다는 정도로도 충분한 설명이 될 것 같다. 그 결과 체중이 불기 시작했다(정확하게는 약 13kg이다). 게다가 식사를 마치고 몇 시간이 지나 뭐라도 먹지 않으면 아주 이상한 기분이 들었는데 주로 피곤하고 멍해지고 초조해 하거나 현기증을 느꼈다.

그로부터 10년의 세월이 흐른 후 필자는 공식적으로는 건강한 사람이었다. 단계적 접근법에 따라 차에 설탕을 타던 습관을 버렸고, 식사도 건강식으로 전환했다. 아침 식사로 뮤즐리 시리얼과 잘게 썬 과일을 먹고 갓 짜낸 신선한 주스 1잔을 마셨다. 몇 시간 후 기운이 떨어지면 견과류와 다크 초콜릿, 그리고 말린 과일로 군것질을 즐겼다. 점심으로는 집에서 직접 만든 수제 수프와 빵을 먹고 후식으로 과일 요구르트나 천연 시리얼바를 먹었다.

필자는 건강에 좋은 음식을 제대로 먹고 있다고 생각했다. 필자의 '건강식'에 하루 평균 티스푼 30회 분량에 이르는 어마어마한 양의 설탕이 들어 있다는 사실을 모르고 말이다.

출판사에서 필자에게 이 책을 써 보자고 제안했을 때 상황이 다시 변했다. 필자는 12년 넘게 건강 전문 기고가 겸 개인 트레이너의 삶을 살고 있다. 정제 곡물, 말린 과일, 과일주스와 작별하고 현재는 육류 · 생선 · 달걀 · 견과류 · 과일 그리고 다양한 채소를 즐긴다. 필자는 더이상 개선의 여지가 없을 정도로 완벽하다고 확신했지만 설탕에 대해 배우면 배울수록 식단에 변화를 주어야 할 일들이 많이 생겼다. 다음은 그 변화들을 정리해본 것이다.

- 매일 아침 산더미처럼 많은 양의 과일을 먹는 것을 중단하고 달걀을 더 많이 먹게 되었다.
- 아침 과일로 바나나와 망고 대신 딸기나 키위를 먹는다.
- 매일 아침 샐러드 드레싱으로 사용하던 발사믹 비니거를 이제 더이상 쓰지 않는다.
- 말린 과일로 만든 '천연바'를 이제는 먹지 않는다.
- 백포도주에서 적포도주로 전환했다.
- 진토닉을 마실 때 토닉 대신 소다수를 사용한다.
- 식사 때마다 단백질과 지방을 섭취한다.
- 마음집중 식사법을 시작했다(9장 참고).

이 모두는 사소한 변화들이다. 개인적으로 이 작은 변화들이 큰 변화로 이어질 거라고 기대하지 않았지만 이는 잘못된 생각이었다. 설탕 섭취를 줄이기 위한 작은 변화를 시도한 지 며칠 만에 기분이 좋아지고 몇 주 만에 믿기 힘든 변화를 경험했다. 머리가 맑아지고 아침에 일어날 때 덜 피곤했으며 활력이 넘치고 간식을 찾지도 않았다. 저녁에 와인 생각도 나지 않았고 그 사이 살도 3kg 넘게 빠졌다.

친구 30명을 대상으로 한 필자만의 '과학적인' 조사 결과에서도, 설탕 섭취를 줄인 모든 사람이 필자와 똑같은 현상을 경험했다고 털어놓았다(독자들은 그들의 증언을 이 책 곳곳에서 확인할 수 있다).

필자는 과학자도 영양학자도 아니다. 그저 건강과 관련한 필자의 이력 때문에 일반인보다 건강에 대해 조금 더 많은 사실을 알 거라고 여겨지는 한 사람의 소비자였을 뿐이다. 그러나 실은 그동안 생각만큼 '건강 식단'을 제대로 지키고 있지 못했음이 밝혀졌다. 놀랄 일도 아니다. 음식과 영양학은 혼란스러운 주제이기 때문이다. 무엇 하나 모든 사람들이 만장일치로 동의하는 의견은 없다. 영양학자는 이런 말을 하고 정부 당국은 저런 말을 한다. 수년간 설탕 및 영양학에 대해 연구해온 최고의 전문가들조차 서로 의견이 다르다.

그러니 자사의 제품을 과대포장하는 제조업체들의 선전에 현혹되지 않는 것이 건강 식단의 출발점이라 할 수 있다. 그렇다면 도대체 우리가 무엇을 먹어야 할지 알 수 있는 방법이 있기라도 한 것일까?

필자는 이 책을 통해 독자들이 스스로에게 통제력이 있다는 사실을 배우고 활용하기를 희망한다. 미리 밝혀두지만 이 책은 설탕에 관해 정확하고 과학적인 사실만을 다룬 전문서는 아니다. 하지만 이 책에서 다론 새로운 발견은 설탕에 대한 또 다른 진실을 일깨워주고 우리의 현재 생각을 변화시킬 것이다. 우선 이 책에서 제시한 사소한 변화를 실천해 가당 제품 및 가공식품을 피하는 것부터 시작하라. 그러면 적어도 크게 잘못될 일은 없을 것이다.

캐서린 바스포드

우리는 생각보다 훨씬 더 많은 설탕을 먹고 있다!

우리의 상식과 달리 아이스크림보다 과일 요구르트에 더 많은 설탕이 들어 있고 초콜릿보다 시리얼바가 더 달다는 사실을 알고 나면, 우리의 식단에 뭔가 상당한 문제가 있음을 깨닫게 된다. 당신이 구매하는 식료품의 영양 성분표를 한 번 훑어보기만 해도 어디에서나 설탕을 발견할 것이다. 설탕은 빵, 수프, 소스, 샐러드 드레싱처럼 우리가 매일 먹는 음식 속에 숨어 있다. 그것도 깜짝 놀랄 정도로 많은 양으로 말이다. 슈퍼마켓에서 팔리는 100여 종의 시리얼을 분석한 결과, 2/3에 육박하는 제품에서 1회 제공 기준 권장량당 설탕 함량이 잼 도넛보다 오히려 더 많은 것으로 밝혀졌다(이 문제에 좀더 솔직해지자. 누가 권장량을 엄격하게 지키는가? 우리들 대부분은 권장량의 최소 2배 이상을 먹는다).

아침 식사로 도넛을 먹는 것은 활기찬 하루를 시작하는 썩 좋은 방법으로 여겨지지 않는다. 하지만 문제는 이것으로 그치지 않는다. 설탕 과다 섭취가 비만으로 이어진다는 사실은 잘 알려져 있지만 이와 더불어 설탕은 우리를 병들게도 한다. 설탕, 정확하게는 과당(테이블 설탕의 1/2 분량)이 세계적인 비만율 상승의 원인일 뿐 아니라 심장질환 및 제2형 당뇨병 등과 같은 수많은 질병의 숨은 주범이라는 증거가 날이 갈수록 명백해지고 있다. 영국의 경우 1인당 1주 평균 설탕 소비량은 411g인데 이는 티스푼 100회 또는 작은 설탕 한 봉지와 맞먹는 분량이다. 현재 62% 이상의 영국인이 과체중 또는 비만 상태이며 2025년에 이르면 500만 명이 당뇨병에 걸릴 것으로 예측된다.

이 책의 목적은 독자들이 스트레스를 덜 받아가며 설탕에 대한 통제력을 되찾도록 돕는 것이다. 그러기 위해 필자는 설탕에 관한 복잡한 화학 문제를 의도적으로 최소화하고, 우리가 진정으로 관심을 갖고 있는 주제인 설탕 중독을 끊을 수 있는 구체적인 접근법에 많은 지면을 할애했다. '중독'이라는 표현 때문에 독자들은 다소 극단적인 경우만을 의미한다고 오해할 수 있으나, 사실 우리들 대부분은 어느 정도 설탕에 의존하며 살고 있고 대개는 그 사실조차 제대로 알지 못하는 경우가 많다.

이 책은 크게 4개의 파트로 구성된다. 파트 1은 설탕이 우리 건강에 나쁜 이유를 탐색하고 당신의 설탕 중독 여부를 확인한다. 이 책에서 유일하게 '과학' 관련 내용을 다루고 있는데, 너무 많은 정보가 오히려 부담되는 독자는 1장 마지막에 위치한 정리박스 '설탕이 우리 몸에 해로운 이유'로 바로 건너뛰어도 좋다. 그것만으로도 파트 1에서 말하고자

하는 설탕에 관한 진실을 모두 배울 수 있기 때문이다.

　파트 2는 설탕에 대해 잘못 알려진 오해를 바로잡고 구매 제품의 설탕 함량을 정확하게 측정할 수 있는 방법을 소개한다. 또한 설탕 욕구를 천연식품으로 해결할 수 있는 8가지 방법과 설탕 욕구를 줄일 수 있는 간단한 비법 3가지를 제시한다.

　파트 3은 우리의 마음가짐을 다룬다. 당신의 마음이라는 가장 든든한 우군을 활용할 수 있는 다양한 방법을 알아보고 설탕과 관련된 잘못된 습관을 바로잡을 수 있는 단계별 접근법을 제안한다. 또한 파트 3을 통해 마음집중 접근법으로 음식 섭취와 관련된 스트레스(과식에 대한 죄의식에 작별을 고하는 방법)를 해소하는 과정을 이해할 수 있다.

　파트 4는 설탕 섭취를 줄인 하루의 일상을 그려본다. 매끼 식사 어디에 설탕이 숨어 있는지 조사해보고 설탕 중독에서 벗어나 건강한 삶을 실천할 수 있는 최선의 대안을 찾아본다. 설탕 함량이 적은 식사로 전환하는 것만으로 설탕의 하루 섭취량을 일주일 만에 절반으로 손쉽게 줄일 수 있다. 파트 4의 각 장 마지막에는 맛있는 저당 요리법을 마련해두었다.

　마지막으로 이 책에서 다룬 주제에 대해 더 많은 것을 알고 싶은 독자를 위해 참고자료로 관련 도서 및 웹사이트 목록을 게재했다.

　미리 겁먹지 말라. 이 책에서 제시한 모든 방법을 한 번에 다 시도할 필요는 없다. 작고 쉬운 단계들을 거쳐 문제에 접근한다면, 결국 이 책에서 말하고자 하는 모든 것을 다 성취할 수 있기 때문이다.

지금 당장 설탕을
한 번에 끊을 필요는 없다

당신은 내일 아침 잠에서 깨어나면 앞으로 남은 생애 동안 단 한 톨의 설탕도 입에 대지 않겠다고 맹세할 수 있다. 또한 매일 1시간씩 운동하고 30분 동안 명상하며 출근하기 전 15분 동안 거울을 바라보면서 스스로에게 긍정의 말을 반복하겠다고 공언할 수도 있다. 하지만 이 새로운 생활 습관이 얼마나 지속될 것인가?

전부 아니면 아무것도 아니라는 식의 극단적인 목표와 엄격한 식단은 대개 실패하고 만다. 지속적인 변화를 원할 때 가장 효과적인 방법은 매일 무엇인가를 하고 남은 인생 동안 계속 그렇게 하는 것이다. 바로 그런 이유로 이 책은 당신에게 단번에 설탕을 끊으라고 말하지 않는다. 만약 당신이 이런 말에 크게 개의치 않는 사람이라면 이 글을 건너뛰고 바로 다음 장으로 넘어가도 좋다. 그러나 과거에도 설탕을 끊으려고 노력했으나 번번이 실패했다면 아래의 이야기가 약간은 흥미로울 수 있다.

몇 해 전 필자는 심리학자 로버트 마우어Robert Mauer 박사의 『작은 한 걸음이 당신의 삶을 바꾼다(One Small Step Can Change Your Life)』라는 책을 읽고 '작은 변화'의 철학을 알게 되었다. 마우어 박사는 최소한의 개입으로 삶의 주요한 변화를 이끌어내는 기술을 강의하는 성공심리학 분야의 전문가다. 그는 우리가 회피하며 벅차다고 느끼는 일을 시작하려면, 그저 작은 변화를 실천하겠다고 스스로에게 약속하기만 하면 된다고 조언한다. 틀림없이 당신은 이런 식의 이야기를 이전에도 들어보았을 것이다. 그러나 여기서 말하는 '작은' 변화는 인간에게 알려진 '가장 작은 변화'를 의미한다. 즉 너무 작아 민망할 정도로 작은 변화 말이다. 예를 들어 치실 사용 습관을 들이려면 매일 밤 치아 하나를 치실로 닦고, 규칙적인 운동을 시작하려면 매일 팔굽혀펴기를 한 번 하고, 차를 마실 때 설탕 타는 걸 그만두고 싶다면 티스푼에서 몇 알갱이의 설탕을 덜어내라(이 방법을 통해 필자는 차에 티스푼 2회 분량의 설탕을 타던 습관에서 완전히 벗어났다).

터무니없는 말처럼 들릴 수 있으나, 이 작은 실천의 노력들은 실제 혹은 가상의 위험을 인지할 때 투쟁-도피 반응fight or flight response을 유발하는 뇌의 특정 영역인 편도체를 거치지 않고 우회한다. 그러면 우리는 두려움과 저항을 살짝 건너뛰어 한 걸음 더 전진할 수 있다. 이 접근법의 효과성을 입증하는 데는 거창한 과학 연구의 도움도 필요 없다. 창고를 대청소하는 것과 5분 동안 한 구역을 정리정돈하는 것 중 당신은 무엇을 선택하겠는가? 지금 이 순간부터 앞으로 영원히 설탕을 끊을 것인가, 아니면 탄산음료를 일주일에 1캔씩 줄이겠는가?

이 예시들은 우스꽝스러워 보일 수 있지만, 여기서 중요한 점은 단계적 접근이 결국 목표 달성으로 이어진다는 것이다. 자주 반복되는 행동은 두뇌에 새로운 신경 통로를 만든다. 당신은 그저 매일매일 새롭고 건강한 식습관을 만들기만 하면 된다. 그 과정 자체가 즐겁기 때문에 헤라클레스와 같은 영웅적인 노력 없이도 습관을 지속할 수 있다. 또한 당신이 알아차리기도 전에 예전에는 할 수 없다고 생각했던 일들 (차에 설탕을 타지 않는 것처럼 아주 간단한 것들)을 하고 있는 당신을 발견할 수도 있다. 이 모든 것의 비결은, 아주 쉽고 전혀 위협적이지 않기 때문에 절대로 실패할 리 없는 행동 지침인 '작은 변화'를 시도하는 일이다.

이 책을 읽어가면서 설탕 섭취를 줄일 수 있는 당신만의 아주 작은 변화를 머릿속에 그려보아라. 만약 당신이 그 작은 변화를 실천할 수 없는 변명거리를 이미 찾기 시작했다면 그 변화의 크기를 더 줄여라.

PART 1

전혀 달콤하지 않은 설탕의 진실

설탕이 우리 몸에
해로운 이유

지금은 상상하기조차 힘든 사실이지만 18세기에 설탕은 부자들만 먹을 수 있는 사치품이었다. 이처럼 설탕은 아주 값비싼 물품이었기 때문에 보다 철저한 보안을 위해 보석함처럼 생긴 화려한 외양의 자물쇠가 달린 '설탕 보관함'이 등장하기도 했다. 또한 2세기 전만 해도 영국인들은 연간 1.8~2.2kg의 설탕을 먹었다. 이는 하루 평균 티스푼 1.5회보다 적은 분량이다.

200년의 시간이 흐른 지금은 전혀 다른 풍경이 펼쳐진다. 영국인은 하루 평균 티스푼 13회 분량의 설탕을 소비하며, 일부는 티스푼 46회 분량의 설탕을 먹기도 한다. 2013년 영국인은 1인당 평균 11.2kg의 초콜릿을 먹었는데 이는 마스바Mars bar 266개와 맞먹는 분량이다. 게다가 영국은 유럽에서 사탕, 케이크, 비스킷을 가장 많이 소비하기 때

음식	설탕 함량(티스푼 기준)
토마토소스 1회 제공량	1~2회
시리얼바	최대 8회
뮤즐리 시리얼 1회 제공량	최대 4회
파스타소스 1회 제공량	2회
시나몬 라테	6~7회
딸기맛 워터	5회
수프 1캔	3회
과일 스무디	6회
바이오유 음료	2회
가향 요구르트	4~6회
팔라펠falafel 샌드위치	최대 2회

문에 이제는 단맛에 중독된 나라가 되었다. 한편 미농무성(USDA, US Department of Agriculture)에 따르면 미국인은 매일 티스푼 44회 분량(연간 68kg)의 설탕을 소비한다고 한다.

영국의 무알코올성 음료 및 과일주스 소비량은 지난 20년 동안 30% 증가해 1인당 연간 229L에 이른다. 이 중 2/3가 탄산음료다. 탄산음료는 특히 어린이들의 전체 설탕 섭취량의 30%를 차지한다. 영국에서는 5세 어린이의 25% 이상이 충치를 앓고 있으며 매주 500명에 달하는 어린이가 충치로 병원을 찾는다. 그런데 문제는 우리 모두 명백하게 알고 있는 단 음식만 조심한다고 될 일이 아니라는 사실이다. 우리가 매일 먹는 음식들 속에 이미 많은 설탕이 숨어 있기 때문이다.

설탕, 얼마나 먹어야 할까?

2014년 세계보건기구(WHO, World Health Organization)는 설탕 섭취량을 1일 섭취 권장량인 전체 칼로리의 10%에서 5%로 줄이기만 해도 건강에 훨씬 이롭다는 내용의 새로운 가이드라인을 발표했다. 이는 성인의 경우 하루 약 25g 또는 티스푼 6회 분량[1]이며, 50g짜리 초콜릿바 1개 또는 탄산음료 1캔에 함유되어 있는 설탕보다 적은 분량이기도 하다.

설탕이란
무엇인가?

사람들은 설탕을 정의 내리는 일은 비교적 쉬울 것이라고 생각한다. 그러나 설탕에는 여러 종류가 있으며, 과학자들이 '설탕'이라고 부르는 것과 우리들이 '설탕'이라고 부르는 것은 서로 약간 다르기 때문에 설탕을 정의 내리는 일은 다소 복잡하다.

● 우리가 설탕이라고 부르는 것(음식 또는 뜨거운 음료에 첨가하는 물질)은 공식

---

1 이는 음식에 첨가된 설탕뿐 아니라 벌꿀, 시럽, 과일주스, 과실 농축액 등에 자연적으로 존재하는 설탕을 포함한다. 한편 신선한 과일, 채소, 우유 등에 들어 있는 설탕은 포함하지 않는다.

적으로는 자당이라고 불린다.

● 과학자들이 혈당에 대해 말할 때는 포도당을 의미한다.

사실 설탕에 대해 배우고자 하는 일반인에게 이런 식의 설명은 그다지 큰 도움이 되지 않는다. 이는 식품 제조업체들이 잘 알고 있는 사실로 당신이 충분히 주의를 기울이지 않을 때 곧잘 이용하는 정보다. 다행히 설탕을 이해하기 위해 생화학 분야의 박사학위가 필요한 것은 아니며 상식 수준의 기초적인 사실만 조금 알면 된다.

설탕의 종류를 간단하게 살펴보자. 우선 모든 설탕은 탄수화물이다. 탄수화물은 탄소 · 수소 · 산소로 이루어진 분자 덩어리를 의미한다. 설탕에는 포도당 · 과당(과일 설탕) · 갈락토스(젖당의 일부 형태) · 자당(테이블 설탕) · 젖당(우유 설탕) · 맥아당(맥아 설탕) 등 여러 종류가 있다. 물론 이 설탕들의 이름을 전부 다 기억하지 못한다고 해서 걱정할 필요는 없다. 이 책의 목적상 우리가 관심을 갖는 설탕은 포도당 · 과당 · 자당 등이다.

● 포도당은 식물(과일 · 채소 · 콩 · 곡물)에 함유되어 있다.

● 과당은 과일, 벌꿀 그리고 드물기는 하지만 채소에서 발견된다.

● 자당은 사탕수수와 사탕무 등에서 추출되며 50%의 포도당과 50%의 과당으로 구성된다.

우리는 설탕을
필요로 하는가?

우리의 두뇌와 몸이 원활하게 기능하기 위해서는 포도당이 필요하다. 하지만 균형 잡힌 식단만으로도 우리는 매일 필요로 하는 포도당을 전부 얻을 수 있다. 포도당은 과일과 채소에서 자연적으로 생긴다. 게다가 우리가 섭취하는 단백질과 지방 중 일정 부분이 포도당으로 전환되기 때문에 자연식품만으로도 우리의 몸이 필요로 하는 포도당을 충분히 공급받을 수 있다.

존 유드킨John Yudkin은 그의 책『설탕의 독(Pure, White and Deadly)』에서 "우리 몸은 생리적으로, 설탕 그 자체로든 아니면 다른 음식이나 음료의 형태로든 설탕을 필요로 하지 않는다."라고 밝힌 바 있다. 즉 현재 우리는 설탕에 대한 생리적인 필요성도 없는 상태에서 역사상 전례가 없을 정도로 과도한 양의 설탕을 섭취하고 있는 셈이다. 그런 이유로 설탕은 사실 우리 몸에 독이라 할 수 있다.

우리는 이미 설탕이 '텅빈 칼로리empty calories'를 함유하고 있고 치아에 좋지 않기 때문에 몸에 해롭다는 이야기를 들으며 자랐다. 하지만 이는 빙산의 일각에 지나지 않는다. 일례로 과도한 설탕 섭취가 우리 몸의 대사 활동을 방해하고, 체중을 증가시키며 다수의 심각한 질병을 유발한다는 임상 자료가 급증하고 있다. 이 중 한 종류의 설탕이 우리 몸에 특히 치명적인데 테이블 설탕 및 고과당 옥수수시럽 등에서 발견되는 과당이 그렇다. 다른 종류의 설탕과는 매우 다른 방식으로 우리 몸에서 작용한다.

설탕을 피해야 하는 이유에는 여러 가지가 있겠지만 과도한 설탕이 우리 몸에 미치는 영향을 정리해보면 다음과 같다.

설탕은 과식의 원인이다

식사를 하다 배가 부르면, 일반적으로 식욕 호르몬이 분비되어 우리 뇌에게 그만 먹으라는 신호를 보낸다. 그러나 과당은 이 법칙을 따르지 않는다. "음식을 그만 섭취하라."라는 호르몬을 촉발하지 않는 과당은 식욕통제 역할을 하는 뇌에게 발각되지 않은 채 우리 체내로 숨어들어 간다. 바로 이것이 포만감 없이 사탕이나 과자를 과도하게 먹을 수 있는 이유다.

이 현상에 대한 논리적인 설명은 이렇다. 수천 년 전 우리 조상들은 딸기나 벌꿀 그리고 땅에서 캔낸 식물 뿌리 등을 통해 과당을 섭취했다. 이 귀중한 고열량 식품을 먹을 기회는 아주 드물었기 때문에 우리 몸은 과당에 대한 '멈춤 스위치' 없이 진화했고, 그 결과 엄청난 양의 과당을 먹을 수 있게 되었다. 한때는 실용적이었던 이 생존 기술이 많은 음식 속에 포함된 과당의 공격을 받는 지금의 우리들에게는 커다란 문젯거리다.

그런데 문제는 이것으로 그치지 않는다. 과당은 체내에서 지방으로 전환되며 지방 역시 우리 몸의 식욕통제 시스템을 방해하기 때문이다. 정상적인 상황이라면 언제 수저를 내려놓아야 할지 알려주는 콜레시스토키닌 · 인슐린 · 렙틴 같은 호르몬도 더이상 제 역할을 수행하지 못한다. 그 결과 우리는 계속 공복감을 느끼고 설탕뿐 아니라 어떤 음식이든 닥치는 대로 먹게 된다.

설탕은 비만의 원인이다

과당은 포도당과 다른 방식으로 대사과정을 거친다. 포도당은 체내 모든 세포의 영양 공급원이 되는 반면 대부분의 과당은 바로 간으로 가고 간에서 지방(중성지방)으로 전환된다. 이 지방은 간에 축적되어 비알코올성 지방간(NAFLD, non-alcoholic fatty liver disease)의 원인이 되거나 혈관으로 흘러 들어가 비만 · 심장질환 · 뇌졸중의 위험성을 높인다. 또한 과당은 대사과정에서 요산을 비롯한 수많은 노폐물과 독성 물질을 만든다. 특히 요산은 결정체를 만들어 통풍을 유발하기도 하며, 혈관의 탄력성을 떨어뜨려 혈압을 높이고 심장질환과 뇌졸중의 위험성을 가중시킨다.

세계적인 비만 문제는 설탕 섭취와 비례해 가속화했다. 영국에서는 초등학교를 졸업하는 어린이 3명 중 1명이 과체중 또는 비만이다. 미국의 상황은 더욱 심각하다. 미국 아동의 24%가 비알코올성 지방간을 앓고 있는 것으로 추측되기 때문이다.

역사상 전례가 없을 정도로
과도한 양의 설탕을 섭취하고 있는 셈이다.
그런 이유로 설탕은 사실
우리 몸에 독이라 할 수 있다.

Tip **마른 비만**

뚱뚱해 보이지 않는다고 해서 비만의 위험성을 벗어난 것이 아니다. 겉보기에는 건강하고 날씬해 보이지만 체내에 과도한 지방이 축적되어 있는 사람들이 많다. 왜냐하면 과도한 설탕이 복부뿐 아니라 심장·간·신장·췌장 등과 같은 신체 기관 주변에 지방으로 축적되는 경향이 있기 때문이다.

이런 복부지방 또는 내장지방이 가장 나쁜 형태의 지방이다. 혈액 속으로 들어가 심장질환, 고혈압, 제2형 당뇨병 등 다양한 질병을 유발하는 염증을 만들기 때문이다. 현재 정상 체중 여성의 50%와 정상 체중 남성의 20%가 내장지방 기준으로 비만 상태인 것으로 추측된다. 당신의 몸에도 내장지방이 있는가? 의사들이 유심히 살펴보는 징후 중 하나는 불룩한 아랫배다.

설탕은 인슐린 저항의 원인이다

우리가 먹은 식음료는 소화 과정을 거쳐 포도당으로 분해된다. 이 과정에서 혈당이 상승하고 그에 대한 반응으로 췌장에서는 인슐린이라는 호르몬이 분비된다. 인슐린은 근육 세포를 포함해 체내 모든 세포의 문을 여는 열쇠 역할을 수행하며 포도당이 에너지원으로 쓰일 수 있도록 돕는다.

그런데 우리가 단 음식을 계속 먹으면 우리 몸은 점점 더 많은 인슐린을 분비한다. 체내의 균형 상태를 유지하려고 필사적으로 노력하는 것이다. 결국 췌장은 지치고 인슐린 분비를 멈추든가, 우리 몸의 세포가 인슐린에 둔감해지는 현상이 발생한다. 이때 우리는 인슐린 저항 상태에 빠지고 그 결과 혈당 수치가 올라간다.

과도한 당류 섭취가 제2형 당뇨병의 실제 원인이라고 단정하려면 보다 많은 연구가 필요하지만, 국가간 비교 조사를 살펴보면 다량의 설탕 소비와 당뇨병에 의한 사망 사이에는 높은 상관관계가 존재한다. 불과 30년 전만 하더라도 제2형 당뇨병은 잘 알려지지 않은 질병이었다. 하지만 이제는 전 세계 3억 명의 사람들이 이 병을 앓고 있다. 영국에서만 700만 명이 정상 혈당과 당뇨병 수준의 혈당 사이의 회색지대에 위치한 예비 당뇨병 환자로 추정된다.

앞서 과당은 다른 설탕과 다른 방식으로 체내에서 작용한다는 말을 기억하는가? 과당은 체내로 들어와 간에서 대사되는데 그 과정에서 혈당을 직접적으로 높이지는 않는다. 그러나 과당은 체내를 돌아다니는 지방산을 증가시키고, 그렇게 쌓인 과도한 지방은 인슐린의 '잠금' 체계를 방해한다. 이를 바꾸어 말하면 인슐린이 혈액에서 포도당을 제거하기 위해 더 많이 분비된다는 뜻이다. 즉 과당이 혈당 수치를 직접적으로 높이지 않더라도 최종적으로 혈당 수치가 올라가게 된다.

설탕은 만성질환의 위험성을 높인다

현재 유럽과 북미에 만연한 수많은 질병의 근본 원인은 과도한 설탕 섭취로 여겨지고 있다. 영국인의 주요 사망 원인은 심장질환과 암이다. 영

Tip 정크푸드는 어떻게 과식을 유발하는가

내분비학자 겸 비만 전문가인 로버트 루스티Robert H. Lustig 박사는 체중 증가의 원인은 인슐린이라고 단정한다. 그가 밝힌 과정은 이렇다. 렙틴은 지방세포에서 뇌로 전달되는 호르몬으로, 우리 몸이 충분한 에너지를 저장하면 그만 먹으라는 메시지를 전하는 역할을 수행한다. 더 많은 지방은 더 많은 렙틴 분비로 이어진다.

논리적으로는 과체중이나 비만한 사람들이 지방세포가 더 크기 때문에 더 많은 양의 렙틴을 생성하고 식욕을 더 잘 조절할 수 있을 것처럼 생각된다. 그런데 무엇이 잘못된 것일까? 우리 몸은 렙틴에 대한 저항성을 키운다. 루스티 박사는 이때 인슐린의 책임이 크다고 설명한다.

앞서 설명한 바와 같이 고당의 가공식품과 정크푸드는 이미 높은 수준의 혈당을 다시 자극해 많은 양의 인슐린을 분비하게 한다. 인슐린의 역할은 이 에너지를 근육 글리코겐 또는 지방의 형태로 저장하라는 메시지를 우리 몸에 보내는 것이다.

그런데 바로 이것이 골치 아픈 일이다. 과도한 인슐린은 렙틴을 가로막아 우리 뇌에서 지방세포가 이미 충분한 에너지를 저장했고, 따라서 이제 그만 먹어도 된다는 메시지를 받지 못하게 한다. 결론적으로 루스티 박사는 "인슐린 분비가 많을수록 더 많은 에너지가 지방으로 축적되고 더 큰 공복감을 느끼게 된다."라고 설명한다.

국내 사망 원인의 1/4 이상은 심장 및 순환계통 질병이며 매 2분마다 1명꼴로 암 선고를 받는다고 한다. 앞서 언급한 바와 같이 그 원인으로 설탕을 빼놓을 수 없을 것 같다.

- 미국 하버드대 보건대학원Harvard School of Public Health의 대규모 연구에 따르면, 하루 필수 칼로리의 1/4 이상을 설탕에서 얻는 사람은 그렇지 않은 사람에 비해 심혈관 질병으로 사망할 확률이 거의 3배 이상 높았다.
- 〈미국 임상영양학저널(American Journal of Clinical Nutrition)〉의 연구에 의하면, 매일 2잔 이상 탄산음료나 시럽 첨가 음료를 마실 경우 췌장암에 걸릴 확률이 90% 증가한다.
- 암세포는 정상 세포에 비해 훨씬 더 많은 포도당을 소비한다. 고당의 식사가 암을 유발하는지는 확실히 알 수 없다. 그러나 암세포는 자신의 성장을 유지하기 위해 정상 세포에 비해 훨씬 더 많은 포도당을 소비한다. 최근 UCLA 대학교의 연구는 췌장암세포가 성장에 필요한 영양분을 과당에서 얻는다고 밝혔다.

Tip 설탕과 관련된 사실

PET 스캔은 암세포 존재 유무와 정도를 알아내는 데 사용된다. PET 스캔의 작동 원리는 암세포의 경우 정상 세포보다 훨씬 빠른 속도로 포도당을 소비한다는 가정에 근거한다. 환자가 방사성 포도당 정맥주사를 맞고 나면 PET 스캔은 이른바 포도당의 '핫스팟hot spot'을 탐색한다. 이때 우리 몸에서 가장 빠른 속도로 포도당이 대사처리되는 부위가 암에 걸렸을 가능성이 가장 높다.

설탕은 우리 뇌에 영향을 준다

우리는 단것을 좋아하면 몸매가 망가지고 건강에 치명적이라는 것을 잘 알고 있다. 하지만 설탕이 감정과 정신 건강에도 영향을 준다는 사실을 알고 있는가? 우리의 뇌가 제 기능을 수행하려면 포도당이 꾸준히 공급되어야 하기 때문이다.

과도한 설탕 섭취는 다양한 형태의 심리장애와 관련이 있다. 그 장애에는 불안, 우울, 공격성, 과도한 활동성, 사고 장애, 집중 시간 단축, 집중력 저하, 기억력 및 학습능력 저하 등과 같은 증상이 포함된다.

설탕이 두뇌에 미치는 영향에 대한 연구는 아직 걸음마 수준이지만 설탕이 두뇌 혈관을 손상시키고 두뇌 축소를 유발하는 것으로 추측된다. 2천 명을 대상으로 5년 이상 진행한 연구에서 혈당 수치가 높은 사람이 치매에 걸릴 확률이 18% 높다는 사실이 밝혀졌다(설탕이 원인이라고 단정적으로 결론을 내리기 위해서는 보다 많은 연구를 수행해야 하지만 이 둘 사이에는 강력한 연관성이 존재하는 것으로 보인다[2]).

2009년 8월 UCLA 대학교의 연구진들은 비만인 사람들의 뇌가 적정 체중을 유지하는 동일 연령의 사람들보다 8~16년 정도 더 노화되었으며 두뇌 조직의 크기도 작다는 사실을 밝혀냈다. 심지어 아랫배 둘레와

---

2 〈뉴잉글랜드 의학저널(The New England Journal of Medicine, 2013)〉, '포도당 수치와 치매의 위험성(Glucose Levels and Risk of Dementia)'

> **Tip 설탕이 당신을 불안하게 하는가?**
>
> 설탕이 언제나 불안의 원인이 되는 것은 아니지만 불안 증상을 악화시키고 스트레스에 대처하는 능력을 손상시킨다. 예를 들어 설탕 섭취 후 흥분 상태를 경험하는 슈가 하이sugar high와 뒤이어 기분이 저조해지는 크래시crash 현상은 몸의 떨림, 사고력 저하, 피로감을 유발할 수 있으며, 더 나아가 공황 상태와 긴장감을 고조시키고 불안감을 악화시킬 수 있다.

두뇌의 구조 사이에도 관련성이 있는 것으로 보인다. 허리·엉덩이 둘레 비율이 클수록 두뇌의 저장 공간인 해마의 크기가 더 작은 것으로 추측된다. 한편 해마가 줄어들수록 당신의 기억력도 쇠퇴한다.

설탕은 중독성이 있다

초콜릿 케이크를 한 입 베어 물면 당신의 뇌는 기쁨의 춤을 춘다. 설탕이 혀의 미각기를 자극하면 미각기는 뇌의 대뇌 피질에 신호를 보내는데 이때 우리를 기분 좋게 만드는 도파민이 분비된다. 그러면 우리는 또다시 초콜릿 케이크를 원하게 된다.

먹을 것이 많아진다는 것은 우리가 원하는 영양분을 전부 얻을 수 있는 가능성이 커진다는 것을 의미한다. 그렇기 때문에 우리의 뇌는 새롭거나 전혀 다른 맛에 특별한 관심을 기울이도록 진화해왔다.

우리는 단것을 좋아하면
몸매가 망가지고 건강에 치명적이라는 사실을 잘 알고 있다.
하지만 설탕이 감정과 정신 건강에도
영향을 준다는 사실을 알고 있는가?

"설탕과 관련된 가장 나쁜 습관은 차를 마실 때 비스킷을 함께 먹는 것입니다. 비스킷 하나로는 도저히 안 되어서 2개 이상을 먹어야 하거든요."

제바

"일단 사탕 봉지를 열면 완전히 빠져들어 도저히 멈출 수가 없습니다."

아이린

그런데 단 음식을 매일 먹을 경우 미각기가 자극에 익숙해지기 때문에 대뇌 피질에 신호를 보내는 빈도수는 적어지고, 점점 더 적은 양의 도파민이 분비된다. 이는 이전처럼 따뜻하고 편안한 느낌을 얻기 위해서는 단 음식을 더 많이 먹어야 한다는 것을 의미한다.

바로 이것이 설탕이 중독성을 갖는 이유다(몇몇 과학자는 설탕이 코카인만큼 중독성이 강하다고 설명한다). 당신이 설탕을 더 많이 먹을수록 당신의 몸은 더 많은 양의 설탕을 원한다. 그러나 당신이 설탕이 적게 들어간 건강식을 즐기고 아주 가끔 1조각 정도의 초콜릿 케이크를 먹는 수준이라면 심각한 중독성을 유발하지 않는다. 녹색채소인 브로콜리는 대량의 도파민을 유발하지 않는다. 얼마나 놀라운 일인가?

설탕이 우리 몸에 해로운 이유

설탕이 우리의 몸과 마음에 끼치는 영향에 대해 과학자들이 여전히 연구를 진행하고 있지만 아래의 내용은 거의 확정된 사실이다.

- 테이블 설탕의 주성분인 과당은 우리가 배부를 때 이 사실을 알려주는 호르몬의 '멈춤 스위치'를 거치지 않고 우회한다.
- 과당은 간으로 곧장 보내지고 그곳에서 지방으로 변환된다.
- 설탕은 인슐린 저항성을 유발하는데 이는 인슐린이 혈액에서 포도당을 제거하는 본연의 역할을 수행할 수 없음을 의미한다. 그 결과 고혈압으로 이어진다.
- 고혈압은 다수의 만성질환에 걸릴 위험성을 증가시킨다.
- 설탕은 우리의 뇌에 영향을 주고 불안 · 우울 증상을 유발하며 활동성 등을 과도하게 증가시킨다.
- 설탕의 중독성은 상당히 강하다.

설탕 중독은 본질적으로 양의 문제다. 과일에서 발견되는 미량의 천연 설탕은 위에서 언급한 건강 문제를 일으키지 않는다. 그러나 오랜 시간 다량의 설탕을 섭취하면 상당한 문제가 발생한다.

02

설탕에 중독되었는지
테스트해보라

차 1잔에 설탕 1스푼을 탈 때는 우리 스스로 설탕을 먹고 있다는 사실을 분명하게 알 수 있다. 그러나 우리가 매일 아무 생각 없이 먹는 음식에도 다량의 설탕이 숨어 있기 때문에 우리는 이를 제대로 깨닫지 못한 채 설탕에 중독되기 쉽다. 한낮에 졸리거나 몽롱한 기분이 드는가? 이는 당신의 몸이 당신이 먹은 설탕의 양을 감당하지 못하고 있다는 신호일 수 있다.

설탕 중독 여부를 알아보기 위해 아래의 질문에 답해보기 바란다.

● 비스킷이라도 하나 집지 않고서는 간식거리를 그냥 지나치기 어려운가?

● 초콜릿이나 비스킷 1조각을 먹고 나면 더 먹고 싶은 충동을 억누르기 힘든가?

- 식사 후에 달콤한 후식을 간절히 원하는가?
- 식사 후 활력이 넘치지만 1~2시간 후 급격히 힘이 빠지는가?
- 한낮에 나른하고 졸린 기분을 주기적으로 느끼는가?
- 정신 상태가 멍해지고 둔해지는 것을 자주 느끼는가?
- 뱃살이 약간 있는 편인가?
- 설탕을 끊으려고 노력할 때 혹은 하루 동안 어쩔 수 없이 설탕 없이 지내야 할 때 짜증과 불안을 느끼는가?
- 집안에 간식거리가 없으면 패닉 상태를 경험하는가?
- 하루에도 몇 번씩 단 음식을 생각하고 언제 먹을까 계획을 세우는가?

이는 당신의 몸이 혈당을 안정적으로 유지하기 위해 노력하고 있다는 증거다. 당신이 몇몇(또는 전체) 질문에 그렇다고 대답했다면 당신은 이미 설탕에 대한 강한 욕구를 경험하고 있으며 설탕에 중독되었을 가능성이 높다. 물론 이는 나쁜 소식이다.

그러나 긍정적인 측면도 있다. 당신이 설탕 섭취를 줄이면 삶을 활기차게 만들 수 있는 많은 이점을 기대할 수 있기 때문이다. 예를 들어 설탕 섭취를 줄이면 힘찬 활력을 얻을 수 있을 뿐 아니라 설탕에 대한 갈망 혹은 욕구가 줄어들고, 맑은 정신을 되찾을 수 있다. 이외에도 감정의 균형, 체중 감소, 젊어 보이는 피부, 숙면, 충치의 위험성 감소, 다수의 만성질환을 포함한 질병 발생의 위험성 감소 등이 있다.

"설탕을 끊고 나니 기분이 좋아졌고 활력이 하늘을 찌를 듯 넘쳤습니다."

마이크

"제 피부가 확실히 좋아졌습니다. 기분도 좋아졌고요."

조지나

"기분이 최고입니다. 잠도 잘 자고 이전처럼 탈수증세를 보이거나
몸이 축 늘어지는 기분이 들지 않습니다."

조안

"바로 체중이 줄었고 다양한 스포츠 활동을 즐기고 싶은 의욕이 생겼습니다."

제이슨

"이제는 한낮에도 음식에 대한 욕구와 공복통을 겪지 않습니다"

조

"확실히 에너지가 늘었고 생각하는 시간도 늘었으며
몸은 가벼워졌습니다. 체중 감소 역시 설탕과 관련이 있었습니다."

톰

음식 일기
쓰기

위의 질문들에 대답하기 힘들었다면, 일주일 정도 음식 및 감정 일기를 써 보는 것이 큰 도움이 될 것이다. 일기를 쓰다 보면 당신이 먹는 음식과 감정 사이에 존재하는 놀라운 패턴과 연관성이 드러나기 때문이다. 예를 들어, 단 음식을 먹고 난 후 부정적인 감정과 정서가 증가하는지 살펴볼 기회를 얻을 수 있다.

이 책에는 당신이 음식에 숨어 있는 설탕을 찾아내는 데 도움을 줄 수 있는 내용이 들어 있다. 그러나 지금은 다음 목록을 통해 무엇이 당신의 정서에 영향을 주는지 이해해보도록 하자. 일기를 쓸 때는 과당의 주요 공급원인 아래의 사항을 명심하라.

- 설탕 함유 음료(탄산음료, 과일주스, 에너지 음료, 술)
- 가당(테이블 설탕, 벌꿀, 메이플시럽)
- 고과당 옥수수시럽(가공식품 형태)
- 정제 탄수화물(빵, 시리얼, 감자칩, 페이스트리, 케이크, 비스킷, 파이)
- 즉석식품 및 배달음식
- 과일

음식 및 감정 일기를 써 보는 것이 큰 도움이 될 것이다.
일기를 쓰다 보면 당신이 먹는 음식과 감정 사이에 존재하는
놀라운 패턴과 연관성이 드러나기 때문이다.

곡물과 정제 탄수화물에서
섭취하는 설탕

물론 이 책은 테이블 설탕과 과당 섭취를 줄이는 데 초점을 두고 있다. 하지만 우리는 곡물과 탄수화물에서도 설탕을 섭취하기 때문에 이에 대한 주의 사항을 간단하게나마 살펴보고자 한다.

만약 당신이 하루에 여러 차례 곡물을 섭취한다면 최적의 건강 상태를 위해 곡물 섭취량을 줄이는 것도 고려해봐야 한다. 감자칩·크래커·빵·파스타·쌀·시리얼 같은 정제 탄수화물은 정제 과정에서 많은 영양소와 함께 대부분의 섬유질이 떨어져 나간다. 그 결과 정제 탄수화물은 체내에서 빠르게 소화되고 곧바로 포도당으로 전환된다.

당신이 아주 활동적인 사람이어서 그렇게 축적된 여분의 포도당을 모두 소모하지 않는다면, 곡물과 정제 탄수화물은 혈당과 인슐린 수치를 높인다. 또한 지방의 축적을 촉진하며 고혈당과 관련 있는 여러 가지 건강 문제를 야기한다.

통밀 탄수화물은 섬유질뿐 아니라 그 밖의 다른 영양소를 많이 포함해 포만감을 쉽게 느끼도록 도와주기 때문에 정제 탄수화물보다는 더 나은 선택이다. 그렇지만 대개의 경우 정제된 '백색' 탄수화물과 비슷한 수준으로 혈당 수준에 영향을 주기 때문에 주의해야 한다. 한 예로 통밀빵은 흰 빵만큼이나 빠르게 혈당을 상승시킨다.

PART 2

설탕에 관한 진실과 설탕에 대한 욕구

03

설탕에 관한 흔한
질문들

설탕이 자연 물질이냐고 물으면 그렇다고 답할 수 있다. 테이블 설탕은 식물(사탕수수와 사탕무)에서 추출했다는 점에서는 '자연적'이다. 그러나 '자연적'이라는 말이 흔히 가공하지 않은 순수한 천연의 상태를 암시하는 거라면 설탕의 경우 이는 사실과 아주 동떨어진 이야기가 된다. 우리가 음식에 첨가하는 정제된 흰색의 작은 알갱이들은 사탕수수 줄기에 들어 있는 천연 설탕과 전혀 다른 물질이다. 정제 과정에서 사용되는 무수한 화학물질 때문에 원당에 함유되어 있던 천연 비타민과 미네랄이 떨어져 나가기 때문이다.

설탕이 자연 물질이냐 아니냐를 떠나 누구도 이의를 제기할 수 없는 주장이 하나 있다. 그것은 우리가 먹는 음식 속 설탕의 양은 확실히 전혀 자연스럽지 않다는 사실이다.

설탕 섭취를 줄여야 한다는 주제는 자연스럽게 많은 질문으로 이어진다. 얼마나 전면적으로 설탕을 줄여야 하는가? 당혹스러울 정도로 많은 종류의 감미료가 있어 무엇을 대안으로 선택해야 할지 혼란스럽다. 그렇다면 흑설탕으로 바꾸어야 할까? 벌꿀이 더 나은 대안인가? 아가베시럽이나 인공 감미료를 쓰면 어떨까? 3장은 이러한 당신의 혼란스러움을 명쾌하게 정리하는 데 도움을 줄 것이다.

흑설탕이
백설탕보다 더 나은가?

흑설탕이 백설탕보다 건강에 더 좋다고 생각하기 쉽지만 아쉽게도 이는 사실이 아니다. 흑설탕은 당밀이 어느 정도 남아 있는 정제되지 않은 설탕이거나 가짜 설탕(소비자를 유혹하는 색깔과 맛을 내기 위해 나중에 당밀이 추가된 정제된 설탕) 중 하나일 뿐이다. 소위 갈색 설탕이라고 부르는 다크 브라운 슈가나 라이트 브라운 슈가도 당밀 함유 정도에 따라 색깔 차이가 난다.

라이트 머스코바도 light muscovado, 머스코바도 muscovado, 데메라라 demerara 같은 원당도 완전한 천연 상태가 아니다. 이 원당들도 부분 정제 과정을 거치기 때문에 끓이고 결정체를 이루는 과정을 반복한다. 매번 결정 과정을 거칠 때마다 고농축의 당밀이 설탕 결정체 안으로 들어간다. 첫 번째 과정을 거치면 색깔이 연한 설탕(데메라라)이 나오고 두 번째 과정을 거치면 약간 더 검은 색깔의 설탕(라이트 머스코바도), 그리고 세 번째 과정을 거치면 그보다 더 검은 설탕(머스코바도)을 얻는다. 당밀은 영양분을 포함하고 있지만 그 양은 무시해도 될 정도로 적다. 요약하자면 당신의 몸은 흑설탕과 백설탕을 가리지 않는다. 흑설탕 역시 설탕이며 당신의 몸에 백설탕과 똑같은 파괴적인 영향력을 행사할 뿐이다.

Tip

사탕수수에서 테이블 설탕을 얻는 방법

❶ 무거운 롤러 사이에 사탕수수 줄기를 통과시켜 원액을 추출한다.

❷ 사탕수수 원액에는 흙이나 식물 섬유가 들어 있기 때문에 수산화칼슘을 부어 세척한 다음 끓여서 원액 속 효소를 전부 죽인다.

❸ 수분 제거를 위해 증발기에 원액을 넣고 설탕 결정을 응고시킨다.

❹ 그 결과 원당을 얻는다. 그런데 설탕 결정이 갈색이라는 문제가 있다.

❺ 문제 해결을 위해 설탕 결정을 농축 시럽에 담아 부드럽게 한 후 물에 용해한 다음 숯에 통과시킨다. 이 과정을 거치면 설탕 결정의 외부 색깔 코팅이 제거된다.

❻ 설탕이 결정체를 이룰 때까지 다시 한 번 끓인 다음 거대한 원심 분리기에 넣는다.

❼ 시럽이 원심 분리기의 천공을 통해 밖으로 빠져나오면 이후 몇 가지 과정을 더 거친다.

❽ 마침내 완벽한 백설탕을 얻는다.

자연에서 직접 채취한 벌꿀은
좋지 않겠는가?

벌꿀은 설탕에 비해 혈당에 미미한 영향을 미치며 항산화 물질, 효소, 비타민, 미네랄뿐 아니라 향균 및 소염 성분도 함유하고 있다. 그런데 문제는 벌꿀 성분의 80%가 설탕(과당과 포도당)이라는 사실이다. 더 심각한 것은 이 중 과당의 함량이 40%를 차지한다. 따라서 과당 섭취의 관점에서 보자면, 우리가 테이블 설탕 1스푼을 먹는 것과 벌꿀 1스푼을 먹는 것에는 별반 차이가 없다.

물론 우리 조상들도 벌꿀을 먹었다. 그러나 아주 드물게 먹었을 뿐 아니라 벌꿀을 얻기 위해서는 몇 km를 걷고, 벌집에 가까이 다가가고자 나무를 기어오르는 등 힘들게 노력해야 했다. 또한 그들이 먹었던 천연 벌꿀은 오늘날 우리가 먹고 있는 벌꿀과 아주 다르다. 우리가 슈퍼마켓에서 구매하는 벌꿀은 상당한 제조 과정을 거쳤기 때문에 영양분과 의학 성분이 심각하게 감소하거나 완전히 사라질 정도로 과도한 열에 노출된 제품들이다.

그런데도 당신은 벌꿀을 먹어야겠는가? 일부 전문가들은 절대로 먹지 말라고 권고하는 반면 또 다른 전문가들은 다소 유연한 태도를 취한다. 필자 생각에 그 질문에 대한 답은 당신이 처한 상황에 달려 있다.

● 만약 당신이 건강하고 체중을 뺄 필요가 없으며 설탕이 아주 적게 들어

간 식사를 즐기는 사람이라면 벌꿀을 조금 먹는다고 문제가 될 것은 없다.

- 만약 당신이 과체중이거나 혈당이 높으면 벌꿀 섭취를 절대적인 최소 수준으로 낮추라고 권하고 싶다.
- 만약 당신이 벌꿀을 먹기로 했다면 품질이 뛰어난 제품을 선택하라. 거르지도 않고 가열 처리도 하지 않은 천연 벌꿀이나 가공하지 않은 마누카꿀을 구매하라. 이렇게 한다면 설탕뿐 아니라 다른 영양소도 함께 섭취할 수 있다.
- 벌들이 무엇을 먹고 만든 꿀이냐에 따라 벌꿀에 들어 있는 항산화 물질의 수준이 결정된다. 일반적으로 메밀벌꿀처럼 색깔이 짙은 벌꿀에 더 많은 항산화 물질이 들어 있다.

아가베시럽과
코코넛 설탕

아가베시럽은 천연제품으로 광고되지만 사실 상당한 가공 과정을 거친 것으로 건강상의 혜택이 전혀 없으며 과당이 전체 성분의 90% 이상을 차지한다. 따라서 아가베시럽은 테이블 설탕이나 고과당 옥수수시럽보다 더 안 좋은 제품이다.

당신은 아가베시럽이 혈당 지수가 낮은 설탕으로 선전되는 것을 종종 보았을 것이다. 혈당 지수가 낮은 이유는 아가베시럽에 워낙 많은 과당이 들어 있기 때문이다. 당신도 알다시피 과당은 체내에서 제대로 대사처리되지 않고 곧바로 간으로 가기 때문에 혈당을 바로 끌어올리지는 않는다. 이런 이유로 혈당 지수가 낮은 잼이나 스프레드도 특히 조심해야 한다. 제조업체 입장에서 자사 제품의 혈당 지수를 낮추는 가장 쉬운 방법은, 해당 제품을 포도 농축액으로 가장되기도 하는 과당으로 가득 채우는 것이다.

이외에도 골든시럽, 메이플시럽, 코코넛 설탕, 코코넛시럽, 코코넛 넥타처럼 설탕 함유량이 높은 감미료를 피하라. 이들 식품은 과당이 약 40% 정도를 차지한다.

생코코넛이 먹기 편한 이유는 코코넛 속살 때문이다. 반면 코코넛 설탕·시럽·넥타 등은 코코넛 나무 수액으로 만들어진다. 이 수액을 끓여 자당이 70~80%를 차지하는 시럽(또한 이 중 절반 이상이 과당)을 만드는 것이다.

말린 과일과
햇빛에 말린 토마토

말린 과일이 맛있는 이유는 말린 과일의 설탕 함량이 50~70%를 차지하기 때문인데 이 중 상당량이 과당이다. 건포도의 경우 과당이 38%, 포도당이 20%를 차지한다. 이와 마찬가지로 토마토를 말리면 토마토

말린 과일	설탕 함량
씨 없는 건포도	73%
크랜베리[1]	65%
대추야자 열매	65%
커런트	63%
사과	62%
무화과	53%
살구	40%
말린 자두	31%

자료: 호주 · 뉴질랜드 식품표준청(NUTTAB Food Standards Australia New Zealand)

에 함유되어 있던 천연 설탕도 함께 응축된다. 그 결과 생토마토는 설탕의 비중이 2.6%인 반면 햇빛에 말린 토마토(동일한 무게)의 설탕 함량은 무려 38%가 된다.

처음에는 이 수치가 약간 혼란스럽게 보일 수 있다. '생토마토나 말린 토마토나 어차피 같은 토마토인데 똑같은 양의 설탕이 들어 있지 않겠는가?' 하고 말이다. 그러나 생각해보아야 할 것은 과일에서 수분이 제거되면 그 크기는 1/4 수준으로 줄어들지만 과일 속에 함유된 설탕

---

1 말린 과일에 설탕을 첨가하는 경우가 많다. 예를 들어 말린 크랜베리에 설탕을 첨가하지 않으면 시큼한 맛이 난다.

의 양은 그대로라는 점이다.

여기서 중요한 문제는 먹는 양이다. 말린 과일은 수분이 없기 때문에 생과일보다 더 많이 먹을 수 있다. 예를 들어 우리들 대부분은 한 자리에서 생살구 10개를 다 먹으라고 하면 주저할 것이다. 그러나 말린 살구 10개를 먹는 것에 대해서는 그다지 크게 개의치 않는다.

앞서 나온 표는 말린 과일의 설탕 함량을 나타낸 것이다(우리가 먹는 일반적인 초콜릿바의 설탕 함량이 약 60%임을 염두에 두자). 이 표를 기억하자. 특히 당신이 과일주스와 같은 다른 공급원을 통해 이미 다량의 과당을 섭취하고 있다면, 당신의 식단에서 말린 과일을 단번에 없애든가 아니면 매일 먹지 않고 가끔 즐기는 특별 간식이 되도록 하라. 어떤 경우든 당신이 먹는 양에 항상 주의를 기울여라.

 설탕에 관련된 사실

만약 당신이 한 움큼의 대추야자(45g)를 먹는다면 설탕 섭취의 관점에서 초콜릿 바 하나를 먹는 것과 맞먹는데 이는 대략 티스푼 7회 분량에 해당한다.

설탕이 자연 물질이냐 아니냐를 떠나
누구도 이의를 제기할 수 없는 주장이 하나 있다.
그것은 우리가 먹는 음식 속 설탕의 양은
확실히 전혀 자연스럽지 않다는 사실이다.

고과당
옥수수시럽

영국에서는 포도당·과당시럽으로 알려진 고과당 옥수수시럽은 옥수수시럽의 포도당 대부분을 과당으로 전환한 것으로 상당히 달면서 끈적끈적한 시럽 제품이다. 전 세계 제조업체들은 설탕보다 저렴하고 제품의 유통기한도 연장할 수 있다는 이유로 고과당 옥수수시럽으로 대거 몰리고 있다. 그 결과 고과당 옥수수시럽의 소비량은 꾸준히 증가하는 추세지만 과학자들은 고과당 옥수수시럽이 우리의 건강에 미칠 영향에 대해 염려하고 있다.

이름에 걸맞게 고과당 옥수수시럽에는 상당량의 과당이 들어 있는데 과당 55%와 포도당 42%로 이루어져 있다. 이는 과당 함량이 테이블 설탕보다는 조금 많고 벌꿀과는 거의 동일한 수준임을 의미한다. 고과당 옥수수시럽의 제조 과정에는 건강에 유해한 인공 및 합성 원료가 사용되며 그 결과 심혈관계 질환, 당뇨병, 비알코올성 지방간 등의 원인이 된다.

고과당 옥수수시럽은 중독성이 상당히 강한 것으로 알려져 있으며, 고과당 옥수수시럽이 모든 가공식품 및 탄산음료의 원료로 사용되고 있는 미국에서는 비만의 주범으로 지목되고 있다. 여기서 말하는 고과당 옥수수시럽은 100% 포도당으로 만들어진 옥수수 녹말로 만드는 옥수수시럽과는 다르니 이와 혼동하지 말자.

일반적으로 시리얼바 · 도넛 · 초콜릿바 · 비스킷 · 아이스크림 등에서 고과당 옥수수시럽을 발견할 수 있다.

인공
감미료

인공 감미료는 테이블 설탕보다 몇 배 더 단맛을 내기 때문에 적은 양만 사용해도 되고, 그런 이유로 꽤 괜찮은 대안으로 보일 수 있다. 그러나 인공 감미료가 우리의 식단에 상대적으로 뒤늦게 합류했기 때문에 장기간 섭취에 대한 식품 안정성을 지금으로서는 확신하기 힘들다. 게다가 인공 감미료가 건강에 미치는 영향에 대한 과학적인 증거 자료는 서로 엇갈린 결과를 보여준다.

결론적으로 이 화학물질을 평생에 걸쳐 대량으로 섭취할 때 우리 몸에 어떤 영향을 미칠지 아직은 알 수 없다. 가장 광범위하게 연구되고 있는 인공 감미료인 아스파탐은 두통, 어지럼증, 체중 증가, 우울증 그리고 뇌암 등과 관련 있는 것으로 보인다. 유럽 식품안전위원회(EFSA, European Food Safety Authority)는 아스파탐이 안전하며 현재 섭취 수준에서는 건강을 위협하지 않는다고 결론 내리고 그와 관련한 증거 자료를 발표했다. 그러나 여전히 많은 과학자들은 인공 감미료 섭취에 대한 우려를 표명하고 있으며, 그 부작용을 다음과 같이 언급하고 있다.

체중 증가

설탕을 줄인 '다이어트' 음료 및 간식의 등장 이후에도 비만 수준이 급증했으며 설탕 대신 인공 감미료로 전환했음에도 체중 감소로 이어지지 않았다는 연구 결과들이 있다. 정확한 이유는 아직 밝혀지지 않았지만 아래의 두 내용과 관련된 것으로 보인다.

설탕에 대한 욕구 증가

인공 감미료는 자당보다 수백 배 더 단맛을 내지만 칼로리가 전혀 없다. 칼로리 없는 단맛은 달콤함을 원하는 우리의 선천적인 욕구를 충족시키지 못하기 때문에 계속해서 단맛을 원하게 만든다.

혈당과 인슐린 수치에 미치는 부정적인 영향

우리는 인공 감미료 섭취로 실제로는 도달하지 않는 대량의 설탕과 칼로리에 대비해 우리 몸이 어떻게 반응하는지 전혀 알지 못한다. 다만 인공 감미료의 단맛이 뇌에 신호를 보내 체내로 들어올 설탕에 준비 태세를 갖추게 한다고 추측할 뿐이다. 예상된 혈당 상승에 대비해 진짜 설탕이 혈액에서 빨려 나오고 인슐린 생성이 촉진되면서 설탕은 지방으로 전환된다.

4대 주요 인공 감미료는 사카린·시클라메이트·아스파탐(뉴트라스위트로 마케팅되고 있음)·수크랄로스 등이다. 독자들은 이 감미료들이 '다이어트'라는 이름을 붙인 탄산음료에 자주 등장하는 것을 어렵지 않게 발견할 수 있다.

또한 최근에 들어 일부 제조업체들은 소르비톨·말티톨·마니톨·자일리톨 등과 같은 설탕 알코올(설탕으로 만든 알코올 종류)을 사용하기 시작했다. 설탕 알코올은 충치를 유발하지 않기 때문에 특히 무설탕 껌에 종종 사용된다. 그러나 인공 감미료처럼 설탕 알코올 역시 혈당에 간접적으로 영향을 주며 많은 부작용을 일으킨다. 설탕 알코올은 장에서 흡수되지 않기 때문에 대량으로 섭취할 경우 복부 팽창 및 설사를 유발한다. 예외적으로 모든 설탕 알코올 중에서 소량의 자일리톨이 그나마 우리 몸에 무리가 없는 것처럼 여겨진다.

만약 당신이 감미료 사용에 관심이 많다면 하버드대 보건대학원의 충고에 따를 것을 권한다. 그들은 "탄산 소다를 완전히 끊고 싶은 성인이라면 짧은 시간 동안 소량을 마신다는 가정하에 다이어트 소다가 단기적인 대안이 될 수 있다. 그러나 아이들의 경우 인공 감미료가 첨가된 음료가 장기적으로 우리 몸에 어떤 영향을 미치는지 아직 알려지지 않은 상황이기 때문에 피하는 것이 최선이다."라고 조언한다.

이제 슬슬 짜증이 올라올 것이다. 도대체 단 것 중에 먹을 수 있는 것이 있기나 할까? 그렇다. 설탕을 대신할 건강한 천연 대체물이 있다.

당신이 먹는
설탕의 실제 양을 측정하라

"설탕을 포기하는 것이 정말 힘겨운 싸움이라는 것을 알게 되었습니다.
왜냐하면 설탕은 모든 음식에 들어 있기 때문입니다."

레이첼

설탕은 슈퍼마켓에서 팔리는 거의 모든 제품에 들어 있기 때문에 설탕
섭취량을 줄이는 제일 간단한 방법은 모든 가공제품을 피하는 것이다.
간단하게 들리지만 결코 쉬운 일은 아니다. 그렇다면 적어도 당신의 쇼
핑카트에서 최악의 제품을 찾아내는 노력을 하라. 물론 이를 판단하는
것도 쉬운 일은 아니지만, 일단 익숙해지면 식품 라벨을 읽는 데 몇 초
면 충분하며 당신은 일종의 권력감도 맛볼 수 있다.

식품 라벨
읽기

캔이나 제품 상자를 집어 들고 식품 라벨에 열거된 설탕의 종류를 훑어보면 식품 라벨을 읽어보겠다는 우리의 순진한 계획에 약간의 문제가 있음을 알게 된다. 제조업체들은 자사 제품에 들어간 설탕의 유형을 구체적으로 밝혀야 할 법적인 책임이 없다. 그 결과 식품 라벨에 적힌 설탕의 유형을 파악하기 위해 우리는 탄수화물(당류)이라는 머리글 아래에 적힌 숫자에 의존해야 한다.

이는 식품 라벨에 표기된 당류가 천연(과일과 우유 등) 설탕과 가당을 포함한 모든 유형의 설탕을 지칭한다는 것을 의미한다. 식품 라벨을 제대로 파악하기란 결코 쉬운 일이 아니다. 바로 이런 이유 때문에 우리는 플랜 B를 가동해 어딘가에 숨어 있을 고약한 성분을 찾기 위해 영양성분표를 확인해야 한다.

식품의 설탕 함유량 계산하는 방법(1회 제공량 기준)

다음은 어떤 제품의 영양 성분표다. 영양 성분표를 읽는 방법에 대해서는 잠시 후에 다루기로 하고, 1회 제공량을 기준으로 제품에 얼마나 많은 설탕이 들어 있는지 계산하는 방법에 대해 살펴보자.

영양 성분			
단위	100g당	냄비 크기 1/4당	여성 일일 권장량의 % 수치
열량	61kcal	76kcal	3.8%
단백질	4.9g	6.1g	13.6%
탄수화물	6.9g	8.6g	3.7%
설탕	6.9g	8.6g	9.6%
녹말	0	0	0
지방	1.5g	1.9g	2.7%
포화지방	0.9g	1.1g	5.5%
단일불포화지방	0.4g	0.5g	–
고도불포화지방	0	0	–
섬유질	0	0	0
소금	0.2g	0.3g	5.0%
소듐	미량	0.1g	4.2%
비타민 & 미네랄 (일일 권장 섭취량의 % 수치)			
칼슘	168mg	210mg	26%

특정 제품의 설탕 함량이 많은지 적은지에 대한 판단을 할 때는 다음을 참고하면 좋다. 만약 어떤 식품이 100g당 5g 이하의 설탕을 포함하고 있다면, 그 식품은 설탕 함량이 적은 것으로 판단하면 된다. 반면 100g당 15g 이상의 설탕이 포함되어 있다면, 그 식품은 설탕 함량이 많은 것으로 간주된다.

필자는 개인적으로 설탕 함량을 계산할 때는 특정 식품의 구매를 재빨리 결정하는 데 유용한 % 표기보다 1회 제공량에 티스푼 몇 회 분량의 설탕이 들어 있는지 머릿속으로 그려보는 방법을 선호한다. 그렇게 하면 제품 속 설탕 함량이 보다 실질적으로 보이기 때문이다. 방법은 어렵지 않다.

- 티스푼 1회 분량의 무게는 4.2g이라는 사실을 기억하자.
- 다음은 식품 라벨을 확인해 1회 제공량 항목(이전 예시에서는 냄비 크기 1/4당이었다)에 몇 g의 설탕이 적혀 있는지 찾는다.
- 그 숫자를 4.2로 나누면 1회 제공량당 티스푼 횟수를 구할 수 있다(계산기가 없다면 숫자를 4로 나누어라).
- 앞에서 예시로 든 식품의 경우 티스푼 2회(8.6g을 4.2로 나눔) 분량의 설탕이 들어 있다.

제조업체들이 생각하는 '1회 제공량' 또는 '분량'은 종종 당신의 생각과 크게 다르다는 점을 명심하고 적절하게 숫자를 조절하라. 음료 캔이나 병에 붙은 라벨은 100ml당 설탕 함량을 표기한다. 그러나 일반적인 음료 캔의 용량은 330ml이기 때문에 100ml당 설탕 함량에 3.3을 곱해야 한다. 그렇지 않으면 당신이 먹는 설탕의 양을 심각하게 과소평가할 수 있다. 국제보건기구가 제시한 새로운 가이드라인은 성인 기준으로 하루에 티스푼 6회 미만의 설탕 섭취를 권고한다는 사실을 기억하라.

유일한 예외 제품은 낙농제품이다

식품 라벨 읽기를 이제 막 이해하기 시작한 이 시점에서 당신이 알아두어야 할 예외 사항이 하나 있다. 모든 우유(소·염소·양) 제품의 라벨을 보면 100ml당 4.7g의 설탕이 들어 있음을 확인할 수 있다.

만약 당신이 우유를 많이 마시는 사람이라면 우유의 설탕 함량을 계산한 후 생각보다 높은 수치에 놀랄 수도 있다. 1L의 우유에는 티스푼 11회가 넘는 분량의 설탕이 들어 있기 때문이다. 그러나 우유에 들어 있는 설탕은 젖당이라고 불리는 천연 설탕이다. 체내에서 젖당은 포도당과 갈락토스로 분해된다. 따라서 우유는 과당이 전혀 없는 식품이다.

이는 우유의 설탕 함량을 계산할 때 100ml당 들어 있는 4.7g의 설탕 함량은 무시해도 된다는 의미다. 따라서 4.7g을 넘는 수치가 실제로 우유에 첨가된 설탕이라고 보면 된다.

예를 들어 당신의 자녀가 가장 좋아하는 초콜릿 우유에 100ml당 13g의 설탕이 들어 있을 경우 당신은 100ml당 8.3g의 설탕이 들어 있다고 생각하면 된다. 이를 티스푼 분량으로 환산하려면 8.3g을 4.2로 나누면 되고 이는 티스푼 1.9회 분량에 해당한다.

치즈·크림·버터·요구르트와 같은 기타 낙농제품의 경우 가공 방법에 따라 젖당의 함량이 다양하다. 이 중 하드 치즈와 버터의 젖당 함량이 가장 낮다.

차와 커피로도 물을 섭취할 수 있지만
카페인이 인슐린 반응을 유발할 수 있기 때문에
차 · 커피 · 녹차 등과 같은 카페인 음료는
하루 2잔을 넘기지 말아야 한다.

Tip 한눈에 정리하는 식품 라벨 읽는 법

규칙 1

100g당 설탕 함량이 5g 이하인 제품을 선택하라. 설탕의 비중이 5% 이하인 제품을 선택하라. 100g당 설탕 함량이 15g 이상이라면 고당 제품이다. 성인 기준 하루 최대 설탕 권장량은 티스푼 6회 분량이다.

규칙 2

100ml당 설탕 함량이 0g인 음료를 선택하라. 오타가 아니다. 액체 상태일 때 설탕의 부정적인 효과는 극대화된다. 액체 상태에서는 섬유질이 부족하기 때문에 설탕은 곧바로 흡수되어 아주 빠르게 간으로 보내지고 지방 축적과 간 기능 과부화로 이어진다.

따라서 갈증 해소를 위한 최선의 선택은 물이다. 평범한 물에 별로 끌리지 않는다면 탄산수나 허브차를 마셔라. 차와 커피로도 물을 섭취할 수 있지만 카페인이 인슐린 반응을 유발할 수 있기 때문에 차·커피·녹차 등과 같은 카페인 음료는 하루 2잔을 넘기지 말아야 한다. 주스는 아주 가끔만 마셔라.

영양 성분표
읽기

제품에 얼마나 많은 설탕이 들어 있는지 확인할 수 있는 가장 빠른 방법은 영양 성분표를 읽는 것이다. 그러나 제조업체들은 읽기 쉬운 영양 성분표를 만들고 싶어 하지 않는다. 다양한 속임수로 제품 안에 설탕을 숨겨두기 때문이다. 당신은 가공식품에 40여 종의 설탕이 사용된다는 사실을 알고 있었는가? 당신이 사진을 찍는 듯한 선명한 기억력의 소유자가 아니라면 이 다양한 설탕을 일일이 기억한다는 것은 어려운 일이다. 당신이 주의해야 할 설탕의 유형은 다음과 같다.

- 아가베시럽, 넥타*
- 사탕무 설탕*
- 흑설탕*
- 사탕수수 설탕*
- 카라멜*
- 코코넛 설탕, 코코넛 팜 설탕*
- 데메라라 설탕*
- 덱스트로오스(결정 포도당)
- 과당(과일 설탕)*
- 포도당
- 고과당 옥수수시럽*
- 가루 설탕*
- 젖당
- 엿당(몰트 설탕)
- 메이플시럽*
- 머스코바도 설탕*

- 보리엿기름
- 당밀*
- 사탕수수 결정체*
- 사탕수수 주스*
- 정제당*
- 옥수수시럽
- 덱스트린
- 과일주스 농축액 *
- 갈락토오스
- 골든시럽*
- 벌꿀*
- 전화당*
- 몰트시럽
- 말토덱스트린
- 밀당*
- 원당*

- 라이스시럽
- 자당(테이블 설탕)*
- 당밀*

- 사카로스(자당의 또 다른 이름)*
- 시럽*
- 터비나도 설탕*

* 과당을 함유하고 있음

일반적인 설탕 대체물에는 아스파탐, 시클라메이트, 사카린, 수크랄로스, 스테비아, 설탕 알코올(자일리톨, 말티톨, 마니톨, 소르비톨)이 있다. 또한 영양 성분표를 확인할 때는 아래의 사항에 유의하라.

- **설탕이 첫 번째 혹은 두 번째 주성분으로 표시된 제품:** 영양 성분표에서 각 성분은 중량순으로 표기되며 따라서 주성분이 맨 윗자리를 차지한다. 만약 설탕이 첫 번째 혹은 두 번째 성분이라면 그 제품을 피하라.
- **다양한 유형의 설탕:** 제조업체는 소비자들이 영양 성분표 상단에 설탕이 올라와 있는지 확인한다는 점을 알고, 다양한 유형의 설탕을 사용해 이들 성분을 개별적으로 표기함으로써 설탕이 주성분으로 게재되는 것을 교묘하게 피하고 있다. 설탕은 여러 유형으로 존재하기 때문에 각 유형별로 적은 양이 사용될 수 있고, 따라서 합법적으로 영양 성분표 하단에 표기될 수 있다.
- **시럽, 감미료, 혹은 '-ose'로 끝나는 성분:** 일반적으로 영양 성분표에서 이런 단어나 성분을 보면 설탕이라고 추측하면 된다.

과일에 들어 있는
설탕 성분

모든 과일에 얼마나 많은 설탕이 들어 있는지 알아내기 위해 계산기를 들고 돌아다닐 필요는 없지만, 어떤 과일의 과당 함량이 높은지 대략적으로 파악해두는 것은 도움이 된다. 우리들이 가장 좋아하는 과일 대부분이 가장 단 과일이라는 사실은 전혀 놀랍지 않다. 다음의 표는 과일을 과당 함량에 따라 분류해본 것이다.

저과당 과일	고과당 과일
살구	포도
키위	사과
라즈베리	배
딸기	망고
자몽	체리
감로 멜론	바나나
레몬	여지
라임	

이렇게 과일을 분류해보았다고 해서 과일을 고를 때 과당 함량이 가장 낮은 과일만 선택하라는 것은 아니다. 과일을 선택할 때는 과일의 과당 함량뿐 아니라 고려해야 할 다른 요소들도 있다.

아래의 사항을 참고하자.

- 과일 맛이 달수록 과당 함량이 더 높을 가능성이 많다.
- 과일은 익을수록 과당 함량이 더 높아진다. 과일이 익어감에 따라 포도당이 과당으로 전환되기 때문이다. 이런 이유로 익은 바나나가 덜 익은 바나나보다 더 달다.
- 같은 과일이라도 품종에 따라 과당 함량이 서로 다르다. 예를 들어 골든 딜리셔스 품종의 사과는 그래니 스미스 품종보다 과당 함량이 높다.
- 섬유질 함량도 과일에 따라 서로 다르다. 섬유질이 풍부한 과일은 체내에서 천천히 분해된다. 배는 오렌지보다 과당 함량이 높지만 섬유질이 더 풍부하기 때문에, 종합적으로 평가할 때 배가 오렌지보다 더 나은 선택이라 할 수 있다.
- 어떤 과일은 다른 과일에 비해 비타민과 항산화 물질의 함량이 높다. 대다수 과일이 우리에게 주는 건강상의 혜택은 과일 속 높은 함량의 과당이 우리에게 미치는 피해를 압도한다. 예를 들어 사과에는 몸에 이로운 파이토뉴트리언트, 항산화 물질, 섬유질, 수분 등이 풍부하다. 사과를 먹으면 제2형 당뇨병, 암, 심장질환, 치매 등과 같은 만성질환의 위험성을 낮출 수 있다.

이제 다시 근원적인 질문으로 돌아가보자. 그렇다면 가장 좋은 과일은 무엇인가? 당신도 지금까지 살펴보았듯이 확실한 결론은 없다. 그러나 대부분의 사람들이 동의하는 한 가지는 영양 성분 및 과당 함량을 고려할 때 딸기류가 제일 좋은 과일이라는 점이다.

과일에 대한 필자의 결론은 이렇다. 사람들의 말에 너무 신경 쓰지 말라. 영장류 시절부터 우리는 과일을 먹어왔다. 아주 과도한 양만 아니라면 우리 몸은 과일에 들어 있는 과당을 충분히 처리할 수 있도록 만들어졌다.

만약 당신이 혈당 및 과당 소화에 문제가 없다면 하루 2조각의 과일은 괜찮다. 그러나 과일은 주식이 아니라 간식이어야 한다. 즉 당신이 아침에 과일을 먹고 과일주스를 마셨다면 하루 종일 말린 과일이나 생과일을 먹어서는 안 된다.

과일의 1회 제공량 또는 분량이란 무엇인가?

추가적인 도움말 없이 그냥 "하루에 과일 2조각을 먹어라."라는 이야기를 들으면 혼란스러울 수 있다. 체리처럼 작은 과일과 멜론처럼 큰 과일은 크기가 서로 다르지 않은가? 좋은 질문이다. 우선 성인의 과일 1회 제공량은 80g 정도다. 기억하기 쉬운 방법이 있다. 성인의 과일 1회 제공량은 테니스공 크기의 과일 1조각이나 달걀 크기의 과일 2조각 또는 포도 한 줌 정도의 크기다.

보다 구체적인 지침을 원한다면 다음의 표를 활용해보자. 과일의 종류 및 크기에 따라 알맞은 권장량을 정리해보았다.

생과일	1회 제공량 또는 분량
큰 과일(사과 · 오렌지 · 바나나 · 배 · 송도복숭아 · 복숭아)	중간 크기 과일 1개
중간 크기 과일 [새추머(씨없는 귤) · 귤 · 클레멘타인(소형 오렌지의 일종) · 키위 · 자두 · 무화과]	작은 과일 2개
작은 과일(살구 · 대추야자 · 푸룬/체리)	3개 / 14개
파인애플	큰 과일 1개
멜론	1조각(약 5cm)
파파야 · 망고	2조각(약 5cm)
베리 · 포도	한 움큼(블랙베리 10개 정도)
자몽	중간 크기 과일 1/2개
아보카도	중간 크기 과일 1/2개
토마토	중간 크기 과일 1개
사과 퓌레	2큰술

생과일은 왜 과일주스(그리고 탄산음료)보다 더 좋은 선택인가?

과일에 설탕이 들어 있다는 것은 의심할 바 없는 사실이다. 사과에는 티스푼 3회 분량의 설탕(그 중 절반 이상이 과당임)이 들어 있고, 바나나에는 4~5회 분량의 설탕이 들어 있다. 그러나 자연은 과일을 완전식품으로 만들었다. 과일은 섬유질로 꽉 차 있어 설탕이 혈액으로 흘러 들어가는 속도를 늦춘다. 또한 과일에는 우리의 건강을 증진하고 질병으로부터 우리를 보호하는 강력한 화합물이 함유되어 있다.

과일의 과당은 식욕통제 시스템을 통과하지 않고 우회하지만 섬유질이 포만감을 주어 인슐린이 제 역할을 하도록 한다. 결론적으로 과일은 균형 잡힌 시스템에 기반한다. 간은 과부하 없이 적은 양의 과당(하루 2조각의 과일)을 쉽게 대사처리할 수 있지만 여기에는 중요한 단서가 하나 붙는다. 절대 과일을 마시지 말라는 것이다.

과일주스 1잔을 마시는 것은 섬유질 없이 아주 빠른 시간 안에 몇 조각의 과일을 먹는 것과 같다. 사과주스(방금 짠 것이든 그렇지 않든) 1잔에는 티스푼 8회 분량의 설탕이 들어 있는데 이는 콜라 1잔의 설탕 함량과 맞먹는 양이다. 이 뿐 아니라 콜라와 동일한 수치의 열량을 포함하고 있다.

그러나 진짜 문제는 설탕의 함량이 아니다. 과일주스나 탄산음료는 기본적으로 액체 형태의 설탕이기 때문에 다량의 설탕이 빠른 속도로 간에 도달한다. 그다음 지방산으로 전환되어 당뇨병, 심혈관질환, 간질환 등의 위험성을 증가시킨다. 더군다나 과일주스에는 음료 섭취 속도를 줄일 수 있는 섬유질과 저작활동이 없기 때문에 아주 빠른 시간에 많은 양을 마시기 쉽다.

또한 과일주스를 마시는 것은 설탕물에 당신의 치아를 담그는 것과 같다. 우리 입 속 세균은 설탕을 먹고살며 산$_{acid}$을 만들어낸다. 이때 산이 치아 표면에 오래 붙어 있을수록 충치의 위험성은 커진다. 반면 생과일에 들어 있는 설탕은 과일이라는 구조 안에 들어 있기 때문에 충치를 일으킬 가능성이 낮다.

한눈에 정리하는 과일 섭취에 대한 조언

규칙 1

하루 2조각의 과일 섭취를 목표로 하라(당신이 활동적이며 저당의 비가공식품을 즐기는 사람이라면 그 이상을 먹어도 괜찮다).

규칙 2

건강상의 문제[2]가 있고 과체중이며 가공식품을 통해 고과당 옥수수시럽 같은 과당을 이미 섭취하고 있다면, 과일 소비량을 하루 1조각 이하로 줄이는 것이 건강에 좋다.

주의 사항

영국 보건의료제도(NHS, National Health Service)는 아이들의 경우 다양한 과일과 채소를 매일 최소 5회 분량 이상 섭취할 것을 권고하고 있다. 대략적으로 1회 분량은 아이들의 손바닥 위에 들어갈 정도의 양이다.

결론적으로 생과일을 먹되 과일주스나 탄산음료는 피하라. 연구 결과에 따르면 하루 1캔의 탄산음료는 당뇨병과 심장질환의 위험성을 20% 증가시킨다.

---

2 혈당 또는 과당 불내성(과당 소화 어려움) 등과 같은 문제

모든 과일에 얼마나 많은 설탕이 들어 있는지
알아내기 위해 계산기를 들고 돌아다닐 필요는 없지만,
어떤 과일의 과당 함량이 높은지
대략적으로 파악해두는 것은 도움이 된다.

설탕 욕구를 자연스럽게 충족시키는 8가지 방법

"설탕 섭취량을 줄이고 나서 얻은 혜택은
천연 설탕에 대한 민감성이 높아졌다는 것입니다. 과일 맛이 정말 달아요."

케이티

당신이 설탕 섭취량을 줄이고 혈당을 안정적으로 유지함에 따라 군것질하고 싶은 욕구는 점차 사라지기 시작할 것이다. 이와 함께 피곤함 및 감정 기복과 같은 불쾌한 증상도 사라진다. 당신 혀의 미뢰taste bud 역시 비슷한 변화 과정을 거친다. 이전에 싱겁다고 생각한 음식이 달고 만족스럽게 느껴지는 반면 지금까지 아무 문제없이 즐기던 고당의 식품과 음료가 너무 달게 느껴지기 시작한다.

이 장에서는 설탕 섭취량을 줄이면서도 설탕 욕구를 자연스럽게 충족시킬 수 있는 방법에 대해 살펴볼 것이다. 다음에 소개되는 8가지 음식들을 잘 기억해두자. 이들은 천연적인 단맛을 낼 뿐 아니라 건강에도 좋다.

코코넛에는
영양소가 풍부하다

열대 지역의 섬 원주민들은 코코넛을 '생명의 나무'라고 부른다. 그들은 수백 년 동안 식품과 약품의 공급원으로 코코넛을 활용해왔지만 우리는 이제야 코코넛의 효능에 눈뜨기 시작했다.

코코넛은 섬유질·비타민·미네랄로 가득 찬, 영양분이 풍부한 에너지원이다. 그 중에서도 연구자들의 가장 큰 관심사는 코코넛의 포화지방(좋은 물질이니 걱정할 필요 없다)이다. 코코넛 지방 중 상당량은 중간사슬 지방산의 일종인 라우르산이다. 이 지방산의 분자는 상당히 작기 때문에 쉽게 소화되어 바로 간으로 보내진 후 지방이 아닌 에너지로 전환된다. 이 과정에서 인슐린은 필요하지 않기 때문에 코코넛을 먹어도 인슐린 분비가 증가하지 않는다. 결론적으로 말해 코코넛은 과당이 전혀 없는 식품이다. 이러니 코코넛을 좋아하지 않을 이유가 있는가?

코코넛을 먹을 때는 코코넛의 속살을 그대로 먹거나 플레이크 · 분말 · 오일 · 우유 · 크림 · 버터 형태의 제품으로 구매하라.

- **코코넛 플레이크:** 간식거리 또는 디저트 위에 뿌려 먹으면 좋다.
- **말린 코코넛:** 산딸기와 크림 위에 뿌리거나 카레 요리에 첨가해서 먹어라.
- **코코넛 워터:** 어린 생코코넛을 사서 직접 코코넛 물을 받거나 시판중인 코코넛 워터를 구매하라. 이때 라벨을 잘 살펴보고 설탕이나 방부제가 첨가되지 않은 100% 천연제품인지 확인하라.
- **코코넛 오일:** 다른 오일과 달리 고온에서 조리해도 영양소가 파괴되지 않기 때문에 최고의 요리용 오일이라고 할 수 있다. 100% 유기농이면서 냉압축 과정을 거친 버진 코코넛 오일을 구매하라.
- **코코넛 분말:** 코코넛 분말은 일반적인 분말을 대신할 수 있는 글루텐 프리 분말이다. 다만 수분 흡수율이 좋기 때문에 요리를 할 때는 이를 감안해서 레시피를 수정할 필요가 있다.
- **코코넛 버터:** 팬케이크 위에 바를 때나 볶음 요리할 때 사용하라. 또는 카레 요리 맨 마지막에 1스푼 정도 첨가하라.
- **코코넛 우유와 크림:** 카레 소스 및 디저트 조리시 사용하기에 적합하다.

라즈베리 코코넛 음료

피로를 해소해 줄 수 있는 코코넛 음료를 원한다면 200ml의 코코넛 워터에 한 움큼의 어린 시금치와 라즈베리를 넣고 간 다음 라임 1/2개를 갈아 만든 주스와 섞어라.

마음까지 편안해지는
허브차

대부분의 허브차는 약간 단맛이 나기 때문에, 당신이 위로가 될 만한 것을 몹시 원할 때 마음을 편안하게 해줄 수 있다. 아래의 차 종류를 시도해보라.

- **일반적인 차:** 녹차, 차이티, 향신료를 첨가한 홍차
- **허브차:** 루이보스, 카다몸, 시나몬, 생강차, 바닐라, 칠리차이, 구운 민들레 뿌리, 페퍼민트(또는 스피어민트), 라벤더, 히비스커스, 카모마일, 감초[3]
- **과일차:** 체리 · 시나몬차, 애플 · 생강차, 오렌지 · 코코넛차, 믹스드 베리차

---

3 고혈압이 있는 사람은 과도한 음용을 피해야 한다.

살펴본 바와 같이 다양한 종류의 차가 있지만 애석하게도 차를 마실 때는 주의해야 할 점이 있다. 만약 당신이 일반 과일이나 감귤류 과일 성분이 들어간 허브차를 정기적으로 마시면 치아의 에나멜이 벗겨질 수 있다. 카모마일이나 페퍼민트처럼 과일 성분이 전혀 없는 허브차는 치아 건강에 해롭지 않다. 따라서 과일차는 가끔 마시고, 매일 마시는 차로는 허브차(혹은 녹차를 마시되 카페인 성분이 함유되어 있으니 마시는 양을 조절하라)가 좋다.

향신료로
음식에 단맛을 내라

시나몬 · 정향 · 카다몸 · 코리앤더 등의 향신료는 음식에 설탕을 첨가하지 않고도 단맛을 낼 수 있게 해준다. 특히 시나몬은 당신의 양념통에 넣어둘 가장 유용한 향신료다. 설탕에 대한 욕구를 감소시켜 줄 뿐아니라 혈당을 안정적으로 유지하는 데 도움을 준다.

식사를 할 때나 음료를 마실 때 최소 1/2 스푼 정도의 향신료를 사용해보자. 예를 들면 향신료를 뮤즐리 시리얼이나 오트밀에 첨가하거나 따뜻한 아몬드 우유, 커피, 스무디 위에 뿌려 먹어라. 혹은 찐 과일이나 구운 과일에 첨가해도 좋다. 과일이나 요거트 같은 디저트 위에 뿌려 먹는 방법도 있다.

설탕 함량이 적은
초콜릿도 있다

천연 카카오 분말 또는 카카오 배유

영국은 초콜릿을 사랑하는 나라다. 하지만 설탕 및 과당이 적게 들어간 저당 식단에 단맛이 강한 초콜릿바가 차지할 자리는 없다. 대신 설탕 함량이 적고 항산화 물질은 풍부한 다크 초콜릿으로 전환하라.

카카오는 부엌 찬장에 초콜릿 파우더라는 이름으로 자리를 차지하고 있는 코코아와 다른 물질이다. 천연 카카오는 볶지 않은 코코아콩을 냉압축하는 방식으로 만들기 때문에 살아 있는 효소가 콩 안에 그대로 남아 있는 반면 지방(코코아 버터)은 떨어져 나간다. 따라서 천연 카카오에는 미네랄과 강력한 항산화 물질이 풍부하게 들어 있다. 또한 설탕의 함량은 1%도 되지 않는다. 이 사실로 미루어 당신은 카카오가 어떤 맛일지 쉽게 추측할 수 있을 것이다. 상당히 쓰다. 이 쓴 맛을 중화시키려면 다른 원료와 섞어야 한다.

> "초콜릿 욕구를 종종 느낍니다. 하지만 코코아 성분이 70% 이상인 좋은 제품의 초콜릿이라면 한두 조각만 먹어도 욕구가 싹 사라지죠."
>
> 톰

코코아 함량 70~85%의 다크 초콜릿

천연 카카오에 이은 최선의 선택은 다크 초콜릿이다. 다크 초콜릿은 철분과 마그네슘 같은 미네랄이 풍부하지만 지방과 설탕도 첨가되어 있기 때문에 조심스럽게 접근해야 한다. 유기농이며 첨가물이 없고 코코아 버터가 유일한 지방 성분인 제품을 선택하라. 또한 코코아 70~85%의 제품(85% 제품의 설탕 함량이 더 적다)을 구매하고 한 번에 1~2조각만 먹는 것이 좋다.

무설탕 초콜릿?

건강식품 전문점에는 무설탕 초콜릿 제품이 흘러넘친다. 그러나 '무설탕'이라는 이름이 무색할 정도로 무설탕 초콜릿은 성분의 90% 이상이 과당인 아가베나 우리 몸이 제대로 흡수할 수 없는 설탕 알코올의 일종인 말티톨로 단맛을 낸 경우가 허다하다. 따라서 초콜릿을 먹으려면 무설탕 초콜릿보다는 천연 카카오나 85% 다크 초콜릿을 고집하라.

집에서 만드는 초콜릿 스프레드(1인분)

천연 카카오 분말 1티스푼에 캐슈넛 버터를 섞어 스프레드를 만들면 된다. 입맛에 맞게 혼합 비율을 조절하라.

직접 만들어 먹는 핫초콜릿(1인분)

재료
- 코코넛 우유 1/2통, 물
- 카카오 분말 1~2티스푼
- 벌꿀 1/2티스푼
- 미량의 시나몬 가루

조리법
코코넛 우유 1/2통을 카카오 분말과 섞어 소스팬에서 막 끓기 전까지 가열하라. 단맛을 위해 벌꿀(또는 당신이 좋아하는 감미료)을 첨가하고 액체가 너무 진하거나 맛이 강할 때 소량의 물을 부어라. 시나몬 가루를 조금 뿌리면 완성이다.

초콜릿 스무디(1인분)

재료
- 코코넛 우유 1/2통, 바나나 1개
- 아몬드 버터 1큰술
- 카카오 분말 1~2티스푼

조리법
바나나를 아몬드 버터, 카카오 분말, 코코넛 우유와 함께 믹서기에 갈아라. 당신이 선호하는 스무디 농도에 맞춰 코코넛 우유를 조절하라.

과일을 먹을 때는
다양하게 먹어라

물론 과일에도 과당이 들어 있지만 과일은 먹을 때 섬유질·비타민·미네랄 등도 함께 섭취할 수 있다는 이점이 있다. 그러나 너무 달고 과당 함량이 높은 과일은 전적으로 피하라. 또한 여러 과일을 섞어 먹도록 노력하라. 이는 영양 섭취의 관점에서도 합당한 이야기다. 왜냐하면 서로 다른 과일은 서로 다른 영양분을 함유하고 있기 때문이다.

누군가 당신에게 "과일 1조각과 일반적인 초콜릿 1조각 중 하나를 선택하라."라고 말하면 건강적인 측면에서 과일을 선택하는 것이 옳다. 그러나 만약 당신이 설탕 욕구에 시달리고 있다면 과일보다는 견과류를 간식거리로 택하는 것도 좋은 생각이다. 왜냐하면 단맛이 강한 간식 거리로 우리의 설탕 욕구를 해소할 수 있기 때문이다. 하루 세끼 중간에 간식으로 과일을 먹을 경우 치즈 같은 알칼리성 식품과 함께 먹어라. 당신의 치아를 보호하는 데 도움이 될 것이다(이 장 후반부에 있는 '간식을 식사와 함께 해결하는 것이 좋은 이유'를 참고하라).

> "냉장고 안에는 2개의 그릇이 있습니다.
> 하나는 약하게 드레싱한 잘게 썬 채소 그리고 다른 하나는 잘게 썬 과일입니다.
> 아무 거나 먹어도 공복통을 달래줍니다."
>
> 케이시

다크 초콜릿은 철분과 마그네슘 같은 미네랄이 풍부하지만
지방과 설탕도 첨가되어 있기 때문에
조심스럽게 접근해야 한다.

단맛 나는
채소

감자·고구마·땅콩호박 등과 같은 녹말채소는 브로콜리, 콜리플라워,
그린빈 등과 같은 비녹말채소보다 혈당을 높이지만 중요한 비타민과
미네랄을 포함하고 있다. 특히 뿌리 채소의 경우 천연적인 단맛이 나며
영양분이 풍부하다. 다음에 소개되는 채소들을 시도해보자.

- 꼬투리채 먹는 완두콩
- 사탕옥수수
- 체리토마토
- 당근
- 홍당무
- 고구마

- 완두콩
- 고추
- 호박
- 파스닙
- 땅콩호두
- 양파

설탕 욕구 해소에
좋은 견과류

견과류는 영양분과 에너지가 아주 풍부해 설탕 섭취에 대한 욕구를
떨치기에 완벽한 음식이다. 어떤 견과류는 달콤하고 부드러운 맛이

나기 때문에 달콤한 후식을 즐기고 있다는 착각을 불러일으키기도 한다. 마카다미아와 캐슈넛 그리고 달콤한 맛이 나는 견과류 버터를 시도해보라.

견과류는 나를 살찌게 하지 않을까?

견과류에 대한 다수의 연구 결과를 살펴보면 정기적으로 견과류를 섭취하는 사람들이 그렇지 않은 사람들보다 날씬하며 질병에 걸릴 확률도 낮다는 사실을 알 수 있다. 하버드대 공중보건대학원의 간호사들이 12만 7천 명의 여성을 대상으로 실시한 역대 최대 규모의 연구조사 결과에 따르면, 매일 한 움큼씩의 견과류를 섭취한 사람들이 심장질환이나 암으로 사망할 확률은 30년 동안 각각 29%, 11%로 줄었다고 한다. 견과류는 에너지가 풍부할 뿐 아니라 포만감을 주기 때문에 식욕을 통제하는 데 탁월한 식품이다. 또한 견과류에는 단백질, 오메가3 지방산, 항산화 물질, 비타민, 미네랄 등도 풍부하다.

왜 견과류가 최고의 식품인가?

하버드대 공중보건대학원의 연구는 견과류 중에서도 어떤 견과류가 더 좋은지에 대해서는 구체적으로 밝히지 못했지만, 견과류 섭취 횟수와 건강 사이의 연관성을 찾는 데는 성공했다. 주 1회 미만으로 견과류를 섭취할 경우 사망률이 7% 감소했으며, 주 7회 이상 섭취할 경우 사망률이 20%나 줄었다.

얼마나 많이 먹어야 할까?

매일 한 움큼(약 30g)의 견과류를 섭취하라. 호두, 브라질넛 아몬드, 헤이즐넛, 마카다미아, 피칸, 피스타치오, 캐슈넛, 잣 등 다양한 종류의 견과류를 먹으면 영양분을 골고루 섭취할 수 있다. 하지만 주의해야 할 식품이 있다. 땅콩은 엄밀하게 따지면 협과 식물로 알레르기 반응을 유발할 수 있다. 또한 강력한 발암 물질의 일종인 아플라톡신을 생성하는 위험한 곰팡이를 함유하고 있기 때문에 아예 피하거나 적당량을 섭취하는 것이 상책이다.

천연
감미료

필자는 앞서 이 장에서 제시한 8가지 음식이 모두 건강에 좋으며 천연적인 단맛을 낸다고 했지만, 엄밀히 말하면 이는 사실이 아니다. 마지막으로 언급하고자 하는 천연 감미료는 단맛을 내기는 하지만 언제나 건강에 좋은 것은 아니기 때문이다. 여기서 우리가 고려할 2가지 천연 감미료는 스테비아와 벌꿀이다.

스테비아

스테비아는 스테비아 식물의 잎과 줄기에서 얻는다. 테이블 설탕보다 약 300배 정도 강한 단맛을 내지만 체내 혈당에 미치는 영향은 무시해도 될 만큼 미미하다. 일부 사람들은 스테비아가 첨가된 몇몇 제품의 경우 쓴 감초 같은 뒷맛을 남긴다고 불평하지만 스테비아는 사실상 칼로리와 과당이 전혀 없는 음식이다.

대부분의 연구자들은 스테비아가 안전한 식품이라고 평가하며 혈압과 혈당을 낮춘다고 주장한다. 그러나 장기간에 걸친 연구는 아직 없는 상태다. 따라서 인공 감미료와 마찬가지로 스테비아 역시 섭취했을 때, 실제로 도달하지 않는 칼로리의 대량 유입에 대비해 우리 몸이 어떻게 반응하는지는 아직 밝혀진 바 없다.

벌꿀

벌꿀은 일종의 천연 감미료로 3장에서 이미 구체적으로 다루었다. 벌꿀은 과당이 40%를 차지하기 때문에 매일 아침 토스트 위에 벌꿀을 두껍게 바르지 말아야 한다. 그러나 가공 과정을 거치지 않은 천연 벌꿀에는 우리 몸에 이로운 영양분과 효소가 들어 있다.

야콘시럽과 쌀 엿기름

일부 사람들은 쌀 엿기름과 야콘시럽을 추천한다. 그러나 두 식품 모두 안정성에 대한 찬반양론이 뜨거우며 장기간에 걸친 연구도 아직 없는 상황이다.

현미 엿기름은 발효한 흑미밥으로 만든다. 과당이 전혀 없다는 장점이 있지만 영양소도 거의 없다. 또한 최근 연구 결과에 따르면 현미 엿기름을 첨가한 음식에서 높은 수준의 비소가 발견되기도 했다고 한다. 물론 이 비소가 우리 몸에 영향을 주려면 현미 엿기름 몇 병을 먹는 수준이 되어야겠지만, 이는 전적으로 당신이 판단할 일이다.

야콘시럽은 남아메리카에서 자라는 야콘 식물의 뿌리에서 추출한다. 야콘시럽에는 프락토올리고당이 많이 들어 있다. 프락토올리고당은 체내 소화 시스템이 인지하지 못하는 방식으로 설탕 분자가 서로 연결되어 있기 때문에 혈당을 상승시키지 않는다. 또한 프락토올리고당은 우리 몸에 이로운 장 박테리아에 영양분을 공급한다. 하지만 상당량(벌꿀이나 아가베보다는 적지만)의 과당을 함유하고 있음을 명심해야 한다.

결론적으로 말하자면, 감미료 사용 유무에 대한 판단은 당신이 선택할 일이다. 설명한 바와 같이 모든 감미료에 대해서는 찬반양론이 있다. 감미료(천연, 인공 모두)는 심리적으로 당신을 계속 설탕에 중독된 상태에 머무르게 한다. 장기적으로 가장 안전한 전략은 감미료를 적당량만 사용하거나 아예 쓰지 않는 것이다.

Tip **간식을 식사와 함께 해결하는 것이 좋은 이유**

전문가들은 간식이 체중 증가의 주범이며 우리 몸의 지방 연소 능력을 방해한다고 주장한다. 음식을 먹을 때 우리 몸은 인슐린을 분비해 설탕을 모든 세포로 보내고 에너지원으로 쓰이도록 돕는다. 설탕이 만들어낸 이 에너지는 약 3시간 정도 지속된다. 이 시간이 지나면 우리 몸은 축적된 지방을 에너지원으로 사용하기 시작한다. 만약 우리가 4~5시간의 간격을 두고 식사를 한다면 보다 많은 지방을 연소할 수 있다.

간식은 간과 췌장에 무리를 주고 치아 건강에도 해롭다. 단 음식을 먹을 때 설탕은 플라그(치아를 덮고 있는 끈적한 코팅)의 박테리아와 함께 상호작용해 치아에 해로운 산을 만든다.

영국 치과협회(British Dental Association)에서 근무하는 자넷 클라크Janet Clarke 는 이렇게 말한다. "자주 먹을수록 우리의 치아는 더 많은 공격을 받고 따라서 충치가 생길 가능성이 높아진다. 내 책상 위에는 사과와 오렌지가 있는데 오후 간식용이 아니라 점심 식사 때 함께 먹으려고 놓아둔 것들이다."

설탕 욕구를 예방하는
3가지 비밀 무기

설탕 욕구를 자연스럽게 예방할 수 있는 3가지 비밀 무기를 소개한다. 이 3가지 전략과 설탕 함량을 낮춘 건강 식이법을 결합하면 당신은 말 그대로 난공불락의 성을 구축하는 셈이다.

단백질과 지방을
충분히 섭취하라

당신은 아마 이런 일을 경험해보았을 것이다. 새로운 건강 식이법에 막 돌입한 당신은 불타는 열정으로 상추 · 오이 · 토마토에 레몬주스 드레싱을 몇 방울 떨어뜨린 '초건강' 샐러드만 고집한다. 그러나 문제가 발생한다. 몇 초 만에 샐러드 그릇을 싹싹 비우고 나니 참을 수 없는 허기가 느껴지고, 당신의 눈은 식탁 위에 놓인 초콜릿 비스킷 상자로 향하기 시작한다.

당신의 식단을 저설탕 건강식으로 바꿀 때 영양이 풍부하고 뿌듯함을 안겨주는 대안 음식만 고집하지는 말아라. 그런 음식으로만 식단을 짤 경우 당신 몸에서는 스트레스 반응이 시작되고 이에 반응해 코르티솔 호르몬[4]의 수치가 상승한다. 가능한 빨리 에너지 공급원(고지방 고당식품)을 찾으려는 저항하기 힘든 욕구에 압도당하기 때문이다. 설탕 섭취를 성공적으로 줄일 수 있는 묘안은 당신의 몸이 설탕을 거부하고 있다는 사실 자체를 느끼지 못하게 하는 것이다. 이를 위한 최선의 방법은 이른바 '잔가지' 대신에 '통나무'를 먹는 것이다.

단 음식과 가공 탄수화물은 타오르는 불길에 얹는 잔가지와 같다. 재빨리 불길을 내며 타오르지만 오랫동안 타지 못한다. 그래서 음식을 먹고 난 후 얼마 지나지 않아 배고픔을 느끼는 것이다. 반면 단백질과 지방은 대사과정이라는 불길에 던져진 통나무 같아서 불붙는 데 시간이 걸리지만 오랫동안 탄다. 즉 공복감을 덜 느끼게 한다.

---

4 코르티솔 호르몬은 내장지방을 증가시킨다. 이 현상에 대한 이론적인 설명은 다음과 같다. 우리 조상들이 주로 스트레스를 받은 상황은 위험한 동물로부터 도망쳐야 하거나 호전적인 이웃 부족과 싸움을 벌일 때였다. 복부지방은 지방산으로 빠르게 분해되고 바로 간으로 전달되어 에너지로 전환된다. 그 당시에는 복부지방이라는 여분의 에너지는 유용한 것이었다. 바로 이것이 만성적인 스트레스가 복부지방을 유발하는 이유다.

다시 샐러드로 돌아가서 생기 없던 당신의 샐러드에 단백질(예를 들어 치킨 몇 조각)과 지방(아보카도와 올리브)이 함유된 식재료를 추가하면 맛도 좋아지고 만족스러운 경험을 할 수 있다. 이 방법을 적용해 당신의 모든 식사에 단백질과 지방을 추가하면 자연스레 사라지는 설탕 욕구에 깜짝 놀랄 것이다.

- **건강에 좋은 지방:** 아보카도, 버터, 육류, 생선 오일, 코코넛과 코코넛 오일, 대마유, 올리브와 올리브 오일, 견과류 오일(비가열)
- **건강에 좋은 단백질:** 달걀, 견과류, 치즈, 지방 요구르트, 그리스식 요구르트, 육류와 가금류, 생선과 해산물

> "단지 단백질 섭취를 늘리는 것만으로 3일 동안 초콜릿을 전혀 먹지 않게 되었습니다. 진짜 오랜만에 처음 있는 일이었죠."
> 소피

왜 지방은 당신의 친구인가

대다수 사람들은 지방 섭취를 두려워하는데 이는 이해할 만하다. 수십 년 동안 우리는 "지방이 당신을 살찌게 한다."라는 말을 들으며 살아왔기 때문이다. 하지만 무엇이 잘못된 것인지, 지방 섭취량을 획기적으로

줄였음에도 비만율은 오히려 폭증했다. 최근의 연구 결과에 따르면 포화지방이 심장질환의 직접적인 원인이라는 과학적인 증거는 없는 것으로 밝혀졌으며, 그 대신 설탕과 정제 탄수화물이 주범으로 의심받고 있다. 사실 육류, 달걀, 버터, 아보카도, 견과류 그리고 코코넛 오일 등에서 섭취하는 비가공 지방은 건강한 우리 몸을 위한 필수 영양소라고 할 수 있다. 이와 관련해 지방에 대해 조금 더 자세히 살펴보도록 하자. 지방의 특징은 다음과 같다.

- 지방은 포만감을 주어 식욕을 제한한다.
- 지방은 뇌의 원활한 기능을 돕는다(뇌의 주성분은 지방과 콜레스테롤이다).
- 지방은 세포막과 다양한 호르몬을 구성하는 물질이다.
- 지방은 지용성 비타민인 비타민 A, D, E, K의 전달체 역할을 수행한다.
- 지방은 심장질환의 위험성을 낮추는 유동 LDL 콜레스테롤의 수치를 높인다.

우리가 피해야 할 지방은 부분수소화 지방과 트랜스 지방이다. 이들은 심장마비 및 뇌졸중과 강한 연관성이 있기 때문에 최악의 지방으로 널리 알려져 있다. 이들 지방은 채소와 씨앗류를 가열하고 화학적으로 처리할 때 발생한다. 특히 마가린, 가공식품(비스킷, 파이, 케이크, 아이스크림, 페이스트리), 패스트푸드 등에서 주로 발견된다.

충분한 수면을
취하라

당신은 전날 밤 과식을 하면 다음 날 잠에서 깰 때 음식에 대한 욕구가 더 강해진다는 사실을 알고 있는가? 수면 부족은 숙취처럼 우리 몸에 스트레스를 주고 코르티솔 호르몬의 수치를 높여 식욕을 자극한다. 특히 달면서 동시에 탄수화물이 잔뜩 들어간 음식에 대한 욕구를 증가시킨다. 이때 우리의 뇌는 에너지 위기를 가장 첨예하게 느끼는 것이다.

최근의 연구에서 단 하루만 수면을 빼앗겨도 정크푸드에 대한 욕구가 증가할 뿐 아니라 정크푸드를 먹을 때의 쾌감 또한 크게 늘어나는 것으로 밝혀졌다. 고작 하룻밤인데도 그렇다. 이는 며칠, 몇 주 혹은 몇 년 동안의 만성적인 수면 부족의 결과가 아니다. 다행히 우리의 뇌는 하룻밤만 숙면을 취해도 다시 회복되어 최적의 기능을 수행할 수 있다. 그렇다면 하루 몇 시간의 수면이 충분한 것일까? 사람들마다 필요 수면 시간은 서로 다르지만 7~8시간의 수면이 대부분의 사람들에게 적당하다.

한의학에 따르면 우리의 몸과 마음이 재생되는 최적의 수면 시간은 밤 11시에서 새벽 1시 사이이다. 따라서 상쾌한 기분으로 잠에서 깨려면 일찍 잠자리에 들도록 노력해야 한다. 숙면에 대한 보다 상세한 설명은 뒤에 나올 14장에서 찾아볼 수 있다.

수면 부족은 숙취처럼 우리 몸에 스트레스를 주고
코르티솔 호르몬의 수치를 높여 식욕을 자극한다.
특히 달면서 동시에 탄수화물이 잔뜩 들어간
음식에 대한 욕구를 증가시킨다.

꾸준히
운동하라

운동이야말로 당신의 혈당을 안정시키는 진정한 비밀 무기다. 런닝머신 위에서 15분만 걸어도 설탕에 대한 욕구가 감소한다는 사실이 밝혀졌다. 운동은 포도당 대사뿐 아니라 인슐린 감수성을 증가시킨다.

　운동을 하고 나면 근육은 혈액에서 포도당을 빼앗아 글리코겐 저장량을 보충한다. 이 과정을 촉진하기 위해 근육은 인슐린 수용기를 자극해 포도당 흡수를 증가시키고, 그 결과 우리 몸은 인슐린에 보다 민감해진다. 보다 많은 운동은 보다 많은 근육량을 의미하며 근육량이 많을수록 인슐린 감수성은 향상된다.

　운동을 하면 우리의 뇌에서도 건강한 변화가 시작된다. 신경과학자들이 새로 운동을 시작한 사람들의 뇌를 조사한 결과, 의사결정을 담당하는 영역인 전전두피질의 세포 수가 증가했음이 밝혀졌다. 운동은 또한 스트레스를 감소시킨다. 코르티솔 호르몬의 수치를 낮추고 기분을 좋게 하는 엔돌핀(프로작 같은 항우울제나 인지행동치료만큼이나 효과적이다)을 방출하기 때문이다. 심지어 운동이 식욕과 관련 있는 두뇌 영역의 활성화를 억제함으로써 음식에 대해 우리가 반응하는 방식을 변화시킨다는 새로운 증거도 발견되고 있다.

　과거에 운동을 하겠다는 강력한 동기를 찾기 위해 노력했지만 실패했다면, 자신감을 가져라. 설탕 섭취를 줄여감에 따라 당신의 에너지

수준은 증가하고 운동을 하겠다는 더 큰 힘을 얻을 수 있기 때문이다.

포도당 대사를 향상시키는 최선의 방법은 매주 1~2차례의 고강도 인터벌 트레이닝(HIIT, high-intensity interval training)을 실시하는 것이다. 고강도 인터벌 트레이닝은 버거운 운동처럼 들리지만 실은 4~20분 정도의 시간 동안 산발적으로 휴식을 취하면서 고강도로 운동하는 것을 의미한다. 아주 간단한 형태의 고강도 인터벌 트레이닝은 20초 정도 강도 높은 운동을 하고 10초 정도 쉬는 형식을 따른다. 이를 4분 동안 반복하면 끝이다.

가장 짧은 운동이라는 장점 이외에, 고강도 인터벌 트레이닝의 매력은 포도당 대사와 지방 연소를 향상시킨다는 점이다. BBC의 2012년 다큐멘터리 〈운동에 관한 진실(The Truth About Exercise)〉에서 경계선 당뇨병 환자 마이클 모슬리Michael Mosley는 주 3회 실내 자전거를 타며 고강도 운동을 3분 수행하고 20초를 쉬는 형태의 고강도 인터벌 트레이닝을 4주 동안 실시한 후, 인슐린 감수성이 24% 향상되는 것을 경험했다.

주의해야 할 점은 만약 당신이 고강도 인터벌 트레이닝이나 운동을 처음 시작한다면 운동하기에 앞서 의사와 상의하는 것이 좋다. 처음 시작할 때는 몇 분간 빨리 걷기와 천천히 걷기를 번갈아 실시하라.

PART 3

당신의 뇌를 재교육하라

07

스스로에게
친절을 베풀어라

당신 안에 마치 두 사람이 살고 있는 것 같은 느낌이 든 적이 있는가? 한 사람은 외부의 충동에 반응해 "망설이지 마. 치즈 케이크 1조각만 먹어봐. 오늘 하루 힘들었잖아."라며 즉각적인 충족을 원하지만, 또 다른 사람은 "너는 설탕을 끊고 싶다고 말했잖아. 그런데 지금 치즈 케이크를 먹겠다고?"라며 충동을 떨쳐내고 장기적인 관점에서 생각하려 한다. 어떤 날은 충동의 목소리가 더 크게 울리고 또 어떤 날은 충동을 억제하는 목소리가 당신의 마음을 흔든다. 우리에게 현재 상황에 대한 통제권이 거의 없거나 아예 없는 상태에서는 우리 안에 존재하는 두 사람의 처분에 따라 수동적으로 움직이는 것처럼 느껴진다.

그러나 다행스럽게도 당신은 뇌 훈련을 통해 자기통제에 보다 능숙해질 수 있다. 당신의 뇌는 주기적인 명령에 따라 스스로를 재구조화하기 때문이다. 예를 들어 당신이 매일 저글링을 연습하면 당신의 뇌는 저글링에 능숙해지고, 매일 걱정만 하면 걱정하는 일에 능숙해진다. 마찬가지로 매일 자기통제를 조금씩 연습하다보면 당신의 뇌는 충동을 조절하는 일에 훨씬 능숙해진다.

이 말이 지나치게 단순하게 들릴 수도 있지만 여기에는 단서 조항이 있음을 기억하라. 필자가 아는 한 고당의 식사를 계속하면서 설탕에 대한 욕구를 사라지게 할 마법의 지팡이는 없다. 그러나 당신이 설탕 섭취를 줄이기 위해 작은 일부터 시작하고 아래에 제시된 전략을 활용한다면, 당신을 지배하고 있는 설탕을 먹고 싶다는 생물학적인 충동의 힘을 느슨하게 만들 수 있다.

당신의 의지력을
배분하라

로이 바우마이스터Roy Baumeister 박사는 의지력 분야에서 가장 뛰어난 세계적인 전문가 중 한 사람이다. 플로리다 주립대학교에서 수행한 그의 연구에 따르면, 인간의 의지력은 하나의 중앙 저장고를 가지고 있다고 한다. 그런 이유로 당신은 아침 식사로 토스트와 잼을 거부할 수는 있지만 직장에서 지친 하루를 보내고 퇴근한 후에는 더이상 유혹을 이기지 못하고 감자칩 포장지를 뜯거나 와인병을 따게 되는 것이다.

즉 당신의 의지력 배터리는 시간이 갈수록 점점 닳아간다. 분노를 조절하고, 한정된 예산 내에서 절약하며, 음식에 대한 욕구를 통제하며 식욕에 저항하는 활동은 모두 동일한 의지력을 사용한다. 따라서 당신 삶의 모든 영역을 전부 통제하려는 노력은 심각한 부작용을 초래하는 전략일 뿐이다. 당신의 의지력을 사용할 대상을 현명하게 선택하라. 그러면 당신의 의지력 저장고는 고갈되지 않을 것이다.

자기통제 근육을 단련하라

당신의 의지력 배터리가 방전될 때 당신이 취할 수 있는 최선의 전략은 무엇인가? 자기통제를 발휘할 수 있는 아주 작은 영역을 골라 매일 연습하는 것이다. 근육처럼 자기통제 역시 규칙적인 연습으로 더욱 강해질 수 있다. 자기통제가 중앙 저장고 역할을 하기 때문에 그 작은 영역 이외의 다른 영역에서도 당신은 혜택을 받기 시작한다.

　호주에서 진행된 한 연구에서 평소 운동을 하지 않던 사람들에게 무료 운동 회원권을 나눠주며 운동을 권유했다. 대부분 주 1회 운동으로 조심스럽게 시작했지만 2달 동안의 연구가 끝날 무렵 대다수의 참가자들이 주 3회 헬스 클럽을 찾았다(작은 일부터 시작하는 것은 이렇듯 효과적이다). 연구자들은 이 '운동 치료'가 참가자들의 삶의 다른 영역에서도 자기통제 능력을 향상시켰음을 발견하고 깜짝 놀랐다. 별도의 요구를 받지 않았지만 참가자들은 담배·술·커피 등도 줄이기 시작했던 것이다. 또한 TV 시청 시간을 줄이고 그 대신 공부하는 데 많은 시간을 할애했다. 아울러 더 많은 돈을 저축하고, 충동구매에 돈을 덜 썼으며, 정크푸드 섭취를 줄이고 건강에 좋은 음식을 더 많이 먹었다.

자기통제를 실천할 수 있는 작은 영역 하나를 골라 매일 연습하면, 당신 삶의 다른 영역 역시 제자리를 찾아 조금씩 움직이는 것을 발견할 수 있다. 설탕과 관련된 자기통제의 작은 영역은 아래와 같다.

- 운전할 때 사탕 먹지 않기(대신에 견과류 먹기)
- 매일 밤 음식 일기에 한 줄이라도 적기
- 2잔째 마시는 와인은 스프리처로 하기
- 설탕이 들어간 탄산음료를 마시는 대신 5분 산책하기

자포자기에
빠지지 않기

때때로 일이 잘못 되기도 한다. 힘든 하루를 보낸 후 통밀 비스킷 한 통을 먹었다고 생각해보자. 그러면 당신의 기분은 아주 나빠지고 죄책감에 압도당해 당신이 지금까지 수행해온 성공적인 작은 노력을 모두 망

각하고 과식의 소용돌이 속으로 빠져든다.

연구자들은 이를 '자포자기what-the-hell 효과'라고 부른다. "알게 뭐람. 케이크를 한 입 먹었으니 다 먹어 치우는 거랑 다를 게 뭐야." 만약 이런 말이 친숙하게 들린다면, 그 악순환의 고리를 끊기 위해 노력해야 한다.

스스로에게
관대하라

소위 '자포자기 효과'를 연구하는 심리학자들은 이 효과가 우리의 예상과는 다르게 작동한다는 사실을 발견했다. 미국에서 진행된 한 연구는 2그룹의 여성 참가자들에게 도넛을 나눠주어 먹게 한 후에 본인이 원하는 만큼 단 음식을 더 먹도록 했다. 이때 한 그룹의 여성 참가자들에게는 도넛을 먹은 후 자기 연민과 관련된 메시지를 전달했으나 또 다른 그룹에는 아무런 메시지도 전달하지 않았다. 어느 쪽이 단 음식을 더 많이 먹었을까? 스스로를 용서하도록 격려를 받은 여성 참가자들은 28g의 단 음식을 먹은 반면, 아무런 격려도 받지 못한 여성 참가자들은 평균 70g의 단 음식을 섭취했다.

이 실험 결과는 목적 달성을 위한 노력에 대해서 우리가 알고 있던 통념을 정면으로 반박한다. 우리는 성공의 비결이 자신에게 엄격해지는 것이라고 믿고 있다. 그러나 이 연구는 자신에게 단호한 태도가 우리의 뇌를 보상 추구 모드로 몰아가기 때문에 동기 및 자기통제 능력이 저하된다는 사실을 보여준다. 만약 당신이 추후에 일시적인 어려움을 겪는다면 가장 친한 친구에게 이야기하듯 스스로에게 다정스럽게 말하고 자신에 대한 지원과 격려를 아끼지 말라.

당신이 겪는 일시적인 어려움은 당신도 결국 사람이라는 사실만을 의미할 뿐이다. 당신의 목표는 당신의 건강을 관리하는 것이다. 순간의 장애물을 넘고 나면 커다란 축하 인사가 당신을 기다리고 있다. 휘청거려도 괜찮다. 완벽할 필요는 없다. 자신을 추슬러 계속 나아가는 것, 그것이 가장 중요하다.

목표의 동기를
명확히 하라

충동 및 욕구에 맞서 싸울 때 당신이 활용하는 두뇌 영역은 이마 바로 뒤에 위치한 전두엽이다. 전두엽의 역할은 우리가 옳은 일을 하도록 방향을 설정해 목표를 달성하도록 돕는 것이다. 당신이 식당에서 디저트 메뉴에 눈길을 줄 때, 전두엽은 설탕 섭취를 줄이는 것이 당신의 목표임을 일깨워 달콤한 디저트 대신 커피를 주문하도록 한다.

분명한 의지 선언문을 작성하면 전두엽의 이런 노력에 힘을 보탤 수 있다. 당신 스스로가 무엇을 '왜' 원하는지 알면, 당신의 목표 달성에 도

자기통제를 실천할 수 있는
작은 영역 하나를 골라 매일 연습하면,
당신 삶의 다른 영역 역시 제자리를 찾아
조금씩 움직이는 것을 발견할 수 있다.

움이 되지 않는 것에 당당히 "아니."라고 말하고, 당신의 성공을 보장해주는 것에 "그렇다."라고 말하기가 훨씬 쉬워지기 때문이다.

설탕에 대한 당신의 의지 선언문을 명료화하기 위해 당신의 의지력이 최대치로 올랐을 때 어떤 그림이 펼쳐질지 상상해보라.

- 설탕 섭취를 줄이면 어떤 혜택을 얻을 수 있는가?
- 당신의 삶은 어떻게 변화할 것인가?
- 나 이외에 또 누가 혜택을 보는가?
- 작지만 꾸준한 변화를 통해 자신이 세운 목표에 다가서는 당신의 모습에 어떤 감정을 느끼겠는가?

의지력의 적, 스트레스의 해결법

스트레스 상황에서 유혹에 저항하는 일이 훨씬 더 힘들어지는 이유는 투쟁-도피 반응이 당신을 지배하기 때문이다. 스트레스를 받으면 부신에서 스트레스 호르몬이 분비되고 체내의 모든 세포는 긴장 상태에 접어들며 행동할 태세를 갖춘다. 말하자면 당신의 모든 세포는 뇌와 동떨어져 따로 놀게 되는 것이다. 전전두엽의 논리적인 생각은 멈추고 당신의 충동이 그 자리를 차지한다. 예를 들면 우리는 응급상황에 처했을 때 반사적으로 목숨을 걸고 싸우거나 도망치는 것을 택한다. 마찬가지로 스트레스 상황에서도 우리는 지금 현재 가장 유용하다고 판단하는 일을 본능적으로 하게 된다. 여러 연구 결과는 다량의 코르티솔 호르몬이 혈액 속으로 흘러 들어가면 이른바 '위안 음식comfort food'을 통한 칼로리 섭취가 증가한다는 사실을 보여준다. 하지만 스트레스는 우리 일상생활의 일부다. 그렇다면 해결책은 무엇인가?

일단 멈추는 것이 답이다. 투쟁-도피 반응은 당신을 숨 가쁘게 몰아부친다. 이때 해결책은 당신의 호흡 속도를 느리게 하는 것이다. 그러면 당신의 이완(부교감) 반응이 시작되고 전전두피질이 활성화해 상황에 개입할 기회를 얻고 올바른 선택을 할 수 있다. 10~15초 동안 심호흡을 하라(호흡을 부드럽게 하고 힘을 빼라).

이처럼 길게 숨을 내쉬는 것이 당신의 호흡을 느리게 하는 가장 쉬운 방법이다. 1~2분 정도 반복하면 마음이 평온해지고 통제력을 회복했다고 느낄 수 있다. 이런 식으로 일단 멈추는 방법을 사용하면 감정이 우리를 조종하는 자동운항 모드에서 벗어날 수 있다. 그러면 우리는 모든 상황에 대한 선택권이 사실 우리 자신에게 있음을 깨닫게 된다. 본능의 명령에 따라야 한다는 보편적인 규칙이란 없다. 우리는 본능을 무시할 때 더 나은 것을 선택할 수 있다.

다만 초콜릿바에 눈길을 던진 첫 순간에는 이 기술을 적용하지 말라. 하루 중 시간이 날 때마다 틈틈이 이 기술을 훈련하면 필요할 때 잠깐 멈추는 전략을 사용하기가 훨씬 쉬워진다.

"일 때문에 지루하거나 스트레스 받을 때 단 것을 더 많이 먹게 됩니다. 일을 하지 않을 때는 며칠 동안 설탕 없이 지낼 수 있고 심지어 간식 생각도 나지 않습니다."

제이슨

"나는 먹는 문제에 있어 감정 상태에 크게 휘둘리는 사람입니다. 지루하거나 스트레스 받을 때 단 음식을 먹는 경향이 있습니다. 나는 그것을 '즐거움을 위한 식사'라고 부릅니다."

알리

"나는 건포도를 넣은 페이스트리와 시나몬 스월cinnamon swirl을 좋아합니다. 그런데 이상한 일은 설탕을 줄여야 한다고 스스로에게 스트레스를 주지 않으면 이 음식들을 주기적으로 먹지 않는다는 거죠."

레이첼

"저는 감정에 따라 먹는 사람입니다. 특히 생일이나 기념일, 승진 축하 파티 때 케이크, 도넛, 탄산음료 같은 단 음식과 음료로 축하의 자리를 즐깁니다. 우울하거나 스트레스 받을 때는 비스킷 같은 위안 음식에 의존합니다."

제바

음식을 섭취하는 대신
기분을 좋게 하는 행동을 하라

미국심리협회(APA, American Psychological Association)의 설문 조사에
따르면, 스트레스를 줄일 목적으로 음식을 먹는 사람 중에 고작 16%만
이 음식 섭취를 통해 원하는 결과를 얻었다고 답했다. 불안하거나 우울
할 때 여성은 남성보다 초콜릿에 더 의존하는 경향을 보였으나, 여성이
경험한 감정상의 변화는 죄책감의 증가뿐이었다. 미국심리협회는 음식
과 음료가 우리의 기분을 좋게 만들지 못하기 때문에 그 대신 기분을
좋게 하는 행동을 택하라고 조언한다.

좋은 기분을 만드는 가장 효과적인 행동 전략은 다음과 같다.

- 산책
- 창조적인 취미 생활
- 가벼운 운동과 스포츠
- 명상 또는 요가 수행
- 기도 또는 종교 활동 참가
- 독서
- 음악 감상
- 친구 또는 가족과 시간 보내기
- 마사지 받기

이런 신체 활동은 세로토닌·옥시토신처럼 우리 기분을 좋게 만드는 두뇌 신경물질의 분비를 촉진한다. 또한 신체 활동은 우리 뇌와 신체를 자극하기보다 차분하게 해주기 때문에, 이 활동의 중요성을 간과하고 이 활동이 우리의 기분을 얼마나 좋게 해주는지 망각하기 쉽다.

습관을 끊어라

새 와인병을 따면서 "안주로 셀러리하고 후무스만 먹을거야."라고 마지막으로 다짐한 게 언제인가? 술 안주로 먹는 감자칩 혹은 차를 마실 때 곁들여 먹는 케이크처럼 사소한 습관이 설탕 중독의 근본 원인이 되는 경우가 많다.

습관은 이렇게 형성된다. 힘든 일을 마치고 집에 돌아오면 스스로에 대한 보상 차원에서 TV를 시청하면서 초콜릿을 먹는다. 이를 오랫동안 지속하면 당신의 뇌는 TV 시청의 즐거움(도파민)과 초콜릿의 즐거움을 연합한다. 그렇게 이 두 행동은 함께 붙어 다닌다. 그러면 TV 시청은 초콜릿 섭취를 촉발하는 습관이 된다. 결국에는 초콜릿(또는 와인, 사탕, 당신이 가장 좋아하는 군것질거리)이 없다면 TV 앞에서도 즐거움을 느낄 수 없는 지경에 이른다.

우리는 새로운 습관을 만들 수 있는 것처럼 그 습관을 없앨 수도 있다. 우리 뇌를 스캔해보면 뇌의 구조적인 변화는 평생에 걸쳐 진행되며 그 과정에서 새로운 뉴런 그리고 뉴런 사이의 새로운 관계가 끊임없이 만들어진다는 것을 확인할 수 있다. 우리에게 이런 신경가소성은 축복이다. 훈련을 통해 보다 건강한 식습관을 가능하게 하는 새로운 신경 통로를 만들 수 있기 때문이다.

유혹에 넘어가는
순간을 알아채라

설탕 중독의 습관을 끊기 위한 첫 번째 단계는 당신이 언제 그리고 어떻게 유혹에 넘어가는지 파악하는 것이다. 당신은 하루 24시간 내내 케이크나 감자칩을 먹지는 않을 것이다. 어느 순간에는 충동을 이겨내지만 또 다른 순간에는 그 충동에 굴복하고 만다. 하루나 이틀 정도 어떤 일이 벌어지는지 그냥 살펴보라.

설탕 욕구에 막 굴복하려는 순간, 호기심을 발동하라. 어떤 상황인가? 어떤 환경인가? 누구와 함께 있는가? 유혹에 쉽게 굴복하도록 만드는 혼자만의 생각과 말은 무엇인가? 걱정, 피곤함, 과로가 당신의 선택에 영향을 주고 있는가? 집이나 직장에서 언제 스트레스를 받는지 그리고 그때 당신의 자기통제 능력에는 어떤 변화가 생기는지 주의 깊게 살펴보라. 이 일련의 과정 중 가장 초기 단계에서의 당신의 모습을 포착하도록 노력하라.

> "컴퓨터와 씨름하며 야근할 때, 내 에너지는 진짜 바닥을 칩니다.
> 그러면 간식을 먹기 시작하죠."
>
> 소피

> "가장 안 좋은 습관은 친구들과 외식할 때 케이크와 푸딩을 먹는 것입니다."
>
> 안나

어떤 특정한 결정이 당신의 의지력에 도움이 되는지 아니면 방해가 되는지 알아두는 것도 매우 유용하다. 구내식당에서 '나쁜' 음식을 먹고 싶은 유혹에 빠지지 않으려고 아침 일찍 일어나 점심 도시락을 준비한 적이 있는가? 장시간의 전화 통화에 붙들려 늦게 퇴근하는 바람에 집에서 요리할 시간이 없을 것 같아 퇴근길에 테이크아웃 음식을 산 적은 없는가? 이러한 질문을 통해 유혹에 넘어가는 순간을 파악해보자. 다음에 당신이 유혹에 빠질 때는 이렇듯 당신의 내부에 관심을 기울여라.

당신의 설탕 습관 목록을
작성하라

당신의 의지력이 언제 흔들리는지 파악하는 것은 아주 중요한 정보다. 왜냐하면 이 정보를 통해 당신의 의지력 붕괴를 예견해주는 함정과 계기를 피할 수 있기 때문이다. 우선 설탕과 관련된 당신의 모든 습관을 목록으로 작성하라. 이때 월 1회 정도 발생하는 습관 말고 매일 반복하는 습관에 집중하는 것이 중요하다. 또한 각각의 습관이 발생하는 서로 다른 상황에 대해 생각해보는 것도 도움이 된다. 예를 들면 아래와 같다.

환경

- 영화와 카라멜 팝콘
- 주유소와 핫초콜릿 · 설탕 커피
- 기차역과 초콜릿머핀

활동

- 쇼핑과 케이크
- TV와 초콜릿
- 운동과 스포츠 음료

사람

- 직장동료와 생일파티 음식
- 친한 친구와 아이스크림
- 배우자와 배달음식

시간대

- 오전 11시와 시리얼바
- 오후 6시와 술

음식과 음료	육체적 감각

음식과 음료	육체적 감각
● 차와 설탕	● 오후의 나른함과 설탕 넣은 차
● 와인과 술안주	● 스트레스와 와인
● 커피와 비스킷	● 지루함과 비스킷
● 아침 식사와 과일주스	
● 패스트푸드 버거와 탄산음료	
● 진과 토닉	

미리 계획을
세워라

습관의 주문을 깨뜨릴 방법은 많다. 그 중 여기서는 3가지 전략을 소개해보고자 한다. 첫째, 설탕 섭취의 습관을 촉발하는 상황을 피하라. 둘째, 설탕으로 반응하지 말고 대안을 선택하라. 셋째, 당신과 유혹 사이에 장애물을 설치하라.

　이 3가지 전략에는 계획과 준비가 필요하다. 특정 습관을 어떻게 다룰지 명확한 대책이 있어야 미래에 그 습관이 다시 나타날 때 바로 대처할 수 있기 때문이다. 각 전략에 대한 자세한 설명은 다음과 같다.

힘든 일을 마치고 집에 돌아오면
스스로에 대한 보상 차원에서 TV를 시청하면서 초콜릿을 먹는다.
이를 오랫동안 지속하면 당신의 뇌는
TV 시청의 즐거움(도파민)과 초콜릿의 즐거움을 연합한다.

습관을 촉발하는 상황을 피하라

설탕 섭취 습관에 대한 확실한 해결책은 이와 관련된 상황 자체를 아예 회피하는 것이다. 그렇다고 크리스마스 파티를 취소하거나 가장 친한 친구를 멀리할 수는 없다. 따라서 이 전략이 모든 습관에 다 적용되는 것은 아니다. 시도할 만한 예시 사례는 아래와 같다.

- 퇴근할 때 평소와 다른 길로 운전해 항상 가던 주유소를 피하라.
- 평소와 다른 길로 걸어 자판기나 커피숍을 피하라.
- 설탕을 줄이려는 당신의 노력을 지지하거나 함께 줄이려고 노력하는 친구와 쇼핑하라(그러면 커피와 케이크를 먹으려고 멈춰서는 일은 없을 것이다).
- 누군가 케이크를 사들고 왔다는 사실을 안다면 탕비실을 피하라. 그냥 가지 말라.
- 건강에 좋은 저당 메뉴를 파는 커피숍으로 바꿔라.

당신의 반응을 변화시켜라

이 전략은 습관(TV 시청)을 유지하되 당신의 반응(초콜릿 섭취)을 무설탕으로 바꾸는 것을 의미한다. 그러기 위해서는 당장 활용할 수 있는 대안을 갖고 있어야 한다. 대안을 선택하는 일이 최대한 쉬워야 하기 때문이다. 다음에 소개된 대안을 참고하자.

- TV를 시청할 때 채소 샐러드나 고구마칩처럼 건강에 좋은 간식거리를 바로 옆에 두어라(12장 참고).
- 차 주전자 옆에는 비스킷 대신 견과류나 씨앗을 두어라.
- 진토닉을 만들 때 토닉 대신에 레몬즙을 첨가한 소다수를 사용하라.
- 일을 마치고 난 다음에는 음식 섭취가 아닌 가장 좋아하는 DVD 시청처럼 다른 대안을 보상의 방법으로 택하라.
- 배달음식을 줄이고 매주 금요일 밤 신선한 재료를 사용해 집에서 직접 요리를 만들어 즐겨라.
- 햄버거를 먹을 때 탄산음료 대신 탄산수를 마셔라.

장애물을 만들어라

평소의 습관에 굴복할 가능성을 높이는 2가지 요소가 있다. 즉시 충족 가능한 유혹과 그것을 바라보는 당신의 눈이다. 눈이 닿지 않는 먼 곳에 있는 간식거리는 우리 뇌에 추상적이며, 매력 없는 사물로 인식된다. 이런 방식으로 유혹의 충족을 연기하면 당신의 이성(전전두엽)이 작동해서 충동을 억누른다.

작은 노력이 큰 효과를 내는 것이다. 한 연구에 따르면, 사무실 책상 위 불투명한 병에 설탕을 넣는 것만으로 투명한 병에 넣었을 때보다 사탕 소비를 1/3 줄였다고 한다. 더 나아가 사탕 병을 약 2미터 정도 떨어진 곳에 두어 사탕을 집으려면 자리에서 일어나게 했더니 사탕 소비는

다시 1/3 줄어드는 효과가 있었다. 이렇듯 환경을 변화시켜 장애물을 만들면 유혹을 이겨내기가 보다 쉬워진다.

- 당신이 볼 수 있는 곳에 간식거리를 두지 말라. 눈에 보이지 않으면 마음에서도 멀어지는 법이다.
- 유혹의 대상을 가능한 당신과 멀리 떨어진 곳으로 이동시켜라. 대상에 다가가려면 노력이 필요하도록 하라.
- 당신의 집과 사무실에 있는 모든 간식과 음료를 치워 유혹의 대상을 제거하라.

또 다른 기법은 10분 동안 참는 것이다. 대니시 페이스트리 같은 단 음식을 먹고 싶다는 충동을 느낄 때, 빵을 먹을 수는 있지만 그 전에 10분간 기다려야 한다고 스스로에게 말하라. 유혹의 대상에서 가능한 멀리 떨어지면 그 유혹에서 얻는 보상이 덜 매력적으로 보인다. 10분이 지난 후에도 여전히 그 빵을 먹고 싶다면, 당신의 의지 선언문뿐 아니라 그 빵을 먹지 않음으로써 얻을 수 있는 장기적인 보상에 대해 한 번 더 숙고해보라. 그럼에도 그 빵을 먹고 싶다면, 그때는 먹어라.

10분 지연 전략을 통해 당신은 유혹에 저항하는 사람으로서 스스로의 자아상을 구축할 뿐 아니라 유혹을 거부할 수 있는 능력도 키울 수 있다. 한 가지 조언하자면 충동의 충족을 지연하는 10분 동안 물을 마셔보아라. 물 마시기는 당신의 충동을 분산시키는 좋은 전략일 뿐 아니라 빠른 수분 보충을 통해 설탕의 유혹에 빠지고 싶은 충동을 덜 느끼게 해준다.

당신의 전략을 꿋꿋이 지켜낼 때마다 마음껏 경축하라. 이렇게 당신은 뇌 속에 조금씩 새로운 신경 네트워크를 만드는 것이다. 그리고 그 네트워크 덕분에 시간이 갈수록 유혹에 저항하는 일이 보다 쉽게 느껴질 것이다. 이 새로운 신경 네트워크는 하루아침에 생기지 않는다. 당신의 뇌 속에 '나는 설탕이 필요 없다.'라는 신경 통로를 만드는 비결은 반복뿐이다. 그러니 포기하지 말고 계속하라. 그러면 점점 더 쉬워진다.

09

행복 식사법

다른 모든 식사법을 능가하는 단 하나의 식사법이 있다. 이 식사법은 돈도 안 들고 굶을 필요도 없다. 또한 천천히 그리고 자연스럽게 설탕과 작별하도록 도와준다. 몇몇 사람은 이 식사법을 '이 세상 최고의 식사법'이라고 부른다. 그 식사법은 이렇다.

"배고플 때 먹고, 당신의 몸이 필요로 하는 음식을 선택하고, 배부르기 전에 식사를 멈춰라."

간단하게 들리지만 도대체 어떻게 해야 하는 것일까? 많은 연구 결과에 따르면 '마음집중 식사법mindful eating'이 그 해답이 될 수 있다. 지난 며칠 동안의 당신의 식사 시간을 떠올려보라. 당신은 얼마나 자주

'자동비행' 운항하듯 식사했는가? 무릎에 음식을 올려놓고 TV 앞에 앉아 저녁을 먹을 때 몇 분 만에 내려다본 접시가 충격적이게도 깨끗이 비워져 있었지만 여전히 배고팠던 적이 있었는가? 초콜릿바를 게걸스럽고 먹거나 와인을 3잔째 들이키고 나서 그게 진짜로 원했던 게 아니라는 사실을 뒤늦게 깨달은 적이 있는가? 또는 당신의 기분을 좋게 해줄 거라 생각했던 바로 그 음식이 실제로는 기분을 엉망으로 만들었던 적이 있는가?

마음집중 식사법은 "현재의 순간에 당신의 주의력을 집중하라."라는 불교의 마음챙김mindfulness에 기초를 두고 있다. 필자는 이 식사법이 식사를 보다 즐겁고 만족스러운 경험으로 만들어 주기 때문에 '행복 식사법happy eating'이라고 부른다. 또한 이 식사법은 필자가 알고 있는 가장 빠른 긴장완화 기술이기도 하다.

이 식사법은 우리를 '자동비행' 모드 식사에서 벗어나게 해, 몇 년 만에 처음으로 음식의 맛을 제대로 느끼고 각각의 음식이 어떻게 우리의 몸과 정서에 영향을 주는지 깨닫게 한다.

마음집중 식사법은 스트레스를 받을 때마다 간식에 의존하고 오전 11시만 되면 습관적으로 비스킷에 손을 뻗치는 사람들이나, 산더미 같은 음식을 먹으면서도 여전히 만족감을 느끼지 못하는 사람들에게 특히 좋다. 이 식사법은 그들이 건강에 좋은 음식과 행동을 선택하고 설탕 섭취 문제의 통제권을 되찾도록 돕기 때문이다.

Tip

마음집중과 명상 관련 연구

마음집중 식사법에 대한 연구는 아직 초기단계지만, 현재까지의 연구에 따르면 이 식사법은 설탕 욕구 및 폭식의 가능성을 감소시킨다. 정기적인 명상 역시 도움을 준다. 명상은 유익한 방향으로 두뇌의 활동과 구조를 변화시킨다.

● 명상은 포만감과 같은 신체 감각을 인식하는 두뇌의 영역으로 혈액 공급량을 늘린다. 그 결과 명상 수행자의 전전두엽 피질은 더 두꺼운 것으로 밝혀졌다.
● 명상은 의사결정을 담당하는 두뇌 영역(배측면 전두엽 피질)의 활동을 증가시켜 건강에 좋은 음식을 더 쉽게 선택하게 한다.
● 명상은 뇌의 자기통제 허브(전방의 대상피질)에 혈액 공급량을 늘려 음식 욕구와 같은 충동을 잘 다루도록 돕는다.

마음집중 식사법을 위한
6가지 기술

마음집중 식사법에는 6가지의 기술이 있지만 한 번에 모든 기술을 실행에 옮길 필요는 없다. 다음에 소개되는 기술 중 마음에 드는 1~2가지를 골라 시도해보고 결과가 어떤지 확인해보라.

> "크림 케이크를 먹고 나면 기분이 조금 우울해지지만
> 그래도 크림 케이크를 종종 원합니다. 아주 강렬하게 크림 케이크를 원할 때는
> 그것 말고는 아무것도 성에 차지 않습니다."
>
> 알리

진짜 배고플 때 먹어라

우리는 언제 먹어야 할지 알기 위해 매일매일 숱한 외부의 단서에 의존한다. 그 결과 다른 사람이 먹으니까, 식사 시간이니까, 힘겨운 일을 끝낸 보상으로, 혹은 화나고 외롭고 지루하기 때문에 먹는다. 당신의 내부에 존재하는 단서인 배고픔을 활용하려면 아래의 내용을 시도해보라.

- 얼마나 배고픈지 1~10까지의 척도로 스스로에게 물어보라. 진짜 배고픔의 척도는 대략 7정도에 해당한다.
- 당신이 다른 대안에 개방적인지 확인하라. 위안을 얻으려고 음식을 먹을 때, 사람들은 특정 유형의 음식(아이스크림 · 초콜릿 · 피자 등)만 강력하게 원하는 경향을 보이며 오직 그 음식이어야 한다고 생각한다. 그러나 우리가 진짜 배고플 때는 다른 대안에 보다 개방적인 모습을 보인다.
- 피곤함은 탈수증상의 신호일 수 있다. 오랫동안 아무것도 마시지 않았다면, 1잔의 물을 마시고 나서 10분을 기다린 다음 여전히 배고픈지 확인하라.

당신의 몸이 필요로 하는 것을 먹어라

우리의 뇌는 보상을 기대할 때 활성화되기 때문에 빵을 보거나 케이크의 달콤한 냄새만 맡아도 도파민이 분비된다. 그러면 우리는 그 달콤한 간식거리를 찾아 자신도 모르게 가장 가까운 가게(또는 부엌)로 빠르게 발걸음을 옮긴다. 따라서 음식의 유혹 앞에 몇 초간 멈추면 전혀 다른 결과를 얻을 수 있다.

- 특정 음식을 먹도록 당신을 유혹하는 외부의 자극에 흔들리지 말고 당신의 몸에 집중하라. 당신의 위장과 대화를 나누고 있다고 상상해보라. 당신의 위장은 달콤한 것을 원하는가 아니면 짭짤한 것을 원하는가? 또는 아삭아삭한 것을 원하는가 아니면 부드러운 것을 원하는가? 가벼운 먹을거리를 찾는가 아니면 속을 든든히 채울 것을 원하는가?
- 당신의 위장이 현재 원하는 조건을 충족하는 여러 음식들을 떠올려보라.
- 그 음식들의 맛·식감·냄새 그리고 섭취 후 당신의 느낌에 대해 상상해보라.
- 당신의 위장이 현재 원하는 조건에 딱 들어맞는 음식을 찾을 때까지 머릿속에 떠올린 음식들을 대상으로 이 과정을 계속 시도해보라.

만약 당신의 위장이 이런 당신의 노력을 무시하고 더블 초콜릿칩 머핀만 원한다고 말하더라도 절망하지 말라. 이 기술을 계속 훈련하다보면, 당신의 몸이 '필요로 하는 것'과 '원하는 것'을 구분하는 일이 점점 쉬워질 것이다.

천천히 식사하라

식사 후 당신의 뇌가 배부르다는 메시지를 받는 데는 약 20분의 시간이 걸린다. 5분 만에 급하게 음식을 먹으면 배부르다는 메시지가 너무 늦게 도착한다. 왜냐하면 그때쯤 당신은 이미 2번째 메뉴를 먹었거나 디저트에 손을 뻗고 있기 때문이다. 식사할 때 느긋해질 수 있는 다음의 기술을 확보한다면, 식사를 천천히 즐기는 데 도움이 된다.

첫째, 코로 숨을 크게 한 번 들이마시고 입을 통해 아주 천천히 숨을 내쉬어라. 둘째, 숨을 들이마시면서 당신의 어깨를 귀 쪽으로 들어올리고 숨을 내쉬면서 어깨를 부드럽게 내려라. 마지막으로 '아랫배를 부드럽게'라는 구절을 기억하고, 당신의 위장에서 긴장이 눈 녹듯 사라지게 하라.

여기에 덧붙여 느긋하게 식사를 즐기는 사람이 되기 위한 구체적인 지침은 다음과 같다.

- 음식물이 그 형태를 완전히 잃을 때까지 충분히 씹어라. 충분한 씹기는 소화 능력을 향상시켜 당신의 몸이 더 많은 영양분을 흡수하도록 돕는다.
- 덜 사용하는 손으로 식사하라(만약 오른손잡이라면 왼손을 사용하라).

몇몇 사람은 이 식사법을
'이 세상 최고의 식사법'이라고 부른다.
그 식사법은 이렇다.
"배고플 때 먹고, 당신의 몸이 필요로 하는 음식을 선택하고,
배부르기 전에 식사를 멈춰라."

- 작은 크기의 포크나 티스푼을 사용하라(이 방법은 평생 사용할 수는 없지만 한 번에 많은 양의 음식을 입에 넣는 습관을 없애는 데 아주 유용하다).
- 20분의 시간에 맞춰 알람을 설정하고, 식사하는 데 이 정도의 시간이 걸리는지 확인하라.
- 식사를 하는 장소에 '일시정지' '느리게' '여유롭게' 등과 같은 말이 적힌 메모를 붙혀 놓고 천천히 식사해야 한다는 사실을 항상 상기하라.

Tip 포만감을 느끼는 데 20분의 시간이 걸리는 이유

우리가 포만감을 느끼는 이유는 위장이 음식으로 가득 찰 때 위장의 신장수용기가 활성화되기 때문이다. 또한 음식이 소장에서 감지되면 펩티드 YY(PYY)와 콜레시스토키닌 같은 호르몬이 분비된다. 그런데 이때 음식이 위장에서 소장으로 이동하는 데 대략 20분의 시간이 소요된다. 그렇기 때문에 우리가 포만감을 느끼는 데는 그만큼의 시간이 걸리는 것이다.

당신의 음식에 집중하라

만약 우리의 마음이 심란하다면 우리가 음식을 먹을 때 느끼는 만족감에 영향을 주는 음식의 맛·식감·냄새 등을 모두 놓쳐버리기 쉽다. 이는 단 음식을 먹을 때 특히 중요하다. 다음에 디저트나 다크 초콜릿을 먹을 때는 먹는 경험에 100% 집중하도록 노력해보자. 이러한 연습을

"처음으로 마음을 집중해 식사를 하고 나니, 그 동안 내가 음식을 제대로 먹지 않았다는 걸 깨달았습니다. 전에는 음식을 먹으며 다른 일을 동시에 했습니다. 그 다른 일이란 독서, TV 시청, 이메일 보내기 등이었습니다."

카렌

통해 당신은 오히려 적게 먹어야 음식 섭취의 만족감을 더 잘 느낄 수 있다는 사실을 알게 될 것이다. 다음의 방법이 도움을 준다.

- TV, 핸드폰, 컴퓨터 등 당신의 주의력을 분산하는 방해물을 멀리 두고 식사하라.
- 식사를 시작하기 전 음식의 색깔·형태·식감 등 음식의 모든 것을 제대로 바라보라.
- 음식을 빨리 먹고 싶다는 습관적인 충동과 같은 조급함을 경계하라.
- 식사를 하면서 당신이 얼마나 많은 맛과 식감을 찾아낼 수 있는지 알아보라.
- 신선한 바질의 냄새 그리고 당근을 베어 물 때 오도독 나는 소리처럼 미각 이외의 다른 감각에도 집중하는 것을 잊지 말라.
- 얼마나 다양한 음식이 당신의 위장 속에 있는지 주시하라. 어떤 음식이 당신을 생기 있게 하고 에너지가 넘치도록 만드는가? 어떤 음식이 배를 더부룩하게 하고 당신을 불쾌하거나 졸립게 만드는가?
- 음식을 먹고 나서 1시간 정도 후에 어떤 기분이 드는지 살펴보라. 당신의 에너지는 어떤가? 속은 편안한가? 기분은 어떤가?

작은 명상

당신은 붐비는 카페나 책상에서 다른 사람 모르게 작은 명상을 수행할 수 있다. 이때 명상의 목적은 30초의 시간 동안 고강도의 마음챙김 상태에 도달하는 것이다. 복숭아를 첫 번째 베어 물 때나 허브차를 첫 번째 마실 때, 이 기술을 사용해보라.

- 자리에 앉아 한 차례 심호흡을 하라.
- 당신이 막 먹으려고 하는 음식을 바라보라. 그 음식의 무게·형태·질감·색깔을 주의 깊게 살펴보라.
- 냄새를 맡아라.
- 첫 번째로 한 입 베어 물거나 음료를 마셔라.
- 천천히 씹으며 각기 다른 맛과 식감에 집중하라.
- 입 안의 음식을 삼켜라(이것이 명상의 끝이다).
- 얼마나 느긋해졌는지 그리고 당신의 마음이 얼마나 평온해졌는지 확인하라.

만족감을 느낄 때까지 먹어라

100% 배부를 때(전문 용어를 쓰자면 '포식')가 아닌 만족감을 느낄 때까지 먹어라. 이런 식습관의 전통을 가진 나라가 많다. 일본에서는 80% 정도 배부르면 그만 먹는다. 인도에서는 아유르베다 전통에 따라 75% 정도 배부를 때까지 먹는 것을 권장한다. 중국에서는 그 정도를 70%로 구체화했다. 여기서 정확한 수치가 문제의 핵심은 아니다. 100% 배부르기

전에 수저를 내려놓는 것, 그것이 그 본질이다. 당신은 그저 70~80%
사이의 아무 숫자나 골라 이를 형상화해 적용하면 된다.

- 식사가 끝나갈 무렵 당신의 위장에 집중해 1~10까지의 척도 중 어느 정도
  배부른지 측정하라. 이때 7정도에 이르면 식사를 멈춰라.
- 프랑스인은 식사를 마치면 "배부르다."라고 말하지 않고 "더이상 배고프
  지 않다."라고 말한다. 당신 역시 배부를 때가 아닌 허기가 사라질 때 식
  사를 멈춰라.
- 작은 크기의 접시와 그릇을 사용하라. 작은 접시에 담긴 음식은 큰 접시에
  담긴 같은 양보다 더 크게 보이기 때문에 우리는 더 큰 만족감을 얻는다.
  와인이나 맥주잔도 마찬가지다. 길고 좁은 잔은 짧고 넓은 잔보다 더 많은
  양이 들어 있는 것처럼 보인다.
- 음식을 한 차례 더 먹고 싶다는 욕구를 느끼면 '20분 규칙'을 기억하라. 식
  탁에서 먼 곳으로 이동하고 몇 분간 기다려라. 만약 당신이 음식의 맛을 충
  분히 즐겼다면, 이렇게 하기가 더 쉬워진다.

긍정적인 변화를 기록하라

마음집중 식사법을 연습하다 보면 당신은 음식을 대하는 당신의 태도
가 변화하고 있음을 알 수 있다. 이 새로운 식습관을 긍정적으로 강화
하려면 그로 인한 변화를 발견하고 이를 축하하는 것이 중요하다. 이때

정해진 형식이나 규칙이 있는 것은 아니다. 당신의 머릿속에 변화를 기록해두고 새롭게 발견한 것을 친구와 공유하라. 아니면 일지를 작성해 몇 단어라도 적어보자. 아래의 질문들이 도움이 될 것이다.

- 각기 다른 음식이 당신의 감정에 어떤 영향을 주는지 당신은 알고 있는가?
- 당신은 허기, 갈증, 지루함 등에 집중하고 있는가?
- 느긋하게 식사하며 음식의 맛을 더 잘 음미하고 있는가?
- 식사가 즐거운 경험이 되고 있는가?
- 당신은 얼마나 빨리 포만감을 느끼는가?
- 건강에 좋은 음식을 선택하는 일이 점점 더 쉬워지고 있는가?
- 설탕에 대한 욕구는 여전한가?

인내에 대한
마지막 조언

우리들 대부분은 식사를 할 때 TV나 인터넷 등을 병행하며 이를 통해 얻는 즐거움에 길들여져 있다. 따라서 오직 음식으로만 즐거움을 얻겠다는 다짐은 사실 상당한 도전이다. 하지만 당신이 마침내 음식에 100% 집중하게 되면 당신의 식사 경험이 완전히 탈바꿈하는 순간이 찾아올 것이다. 물론 마음집중 식사법이 이 세상에서 가장 지루한 행위처럼 느껴지는 순간도 있을 것이다.

이는 지극히 정상적인 반응이다. 놀랄 필요도 자책할 필요도 없다. 그저 당신의 주의력을 지루함이 아닌 음식 씹기와 음미하기로 천천히 되돌리면 된다. 인내하고 노력한다면 당신은 식사가 얼마나 즐겁고 느긋한 경험이 될 수 있는지 새삼 놀라게 될 뿐 아니라, 당신의 몸이 원하는 것에 집중하고 단 음식에서 벗어날 수 있는 능력을 키우는 일에 더 큰 자신감을 갖게 될 것이다. 며칠 연습하고 곧 잊어버렸다고 걱정할 필요도 없다. 잊어버렸다는 사실을 알아차리면, 멈춘 곳에서 다시 시작하면 된다.

여기 제시된 기법들은 어렵지 않다. 다만 그 기법들을 사용해야 한다는 사실을 잊지 않는 것, 그것이 제일 어려울 뿐이다.

이 장의 목적은 당신의 식욕을 감소시키거나 음식을 원하는 몸의 신호를 억누르는 게 아니라, 당신의 몸이 보내는 신호를 신뢰하는 방법을 배우는 것이다. 당신의 식사량이 염려스럽거나 식탐이 과하다고 느껴진다면 반드시 주변에 도움을 구하라.

PART 4

설탕 없는 하루의 일상

아침 식사

> "전에는 아침 식사로 시리얼을 큰 그릇으로 먹었는데,
> 오전 10시만 되도 배가 고파 미칠 지경이었죠."
>
> 케이티

아침은 설탕의 지뢰밭이다. 오랜 시간이 걸리는 출근길, 이른 아침에 열리는 회의, 아이들의 등교 준비 등으로 아침 식사시 우리의 가장 큰 관심사는 영양분이 아니라 시간이다. "몇 초 만에 빠르게 준비할 수 있는 식사가 뭐지?" 이 질문에 피곤함과 스트레스를 더하면 올바른 음식을 선택할 수 있는 우리의 능력은 사상 최저치로 떨어진다. 아침 식사로 건강에 좋다고 생각하는 음식(뮤즐리 시리얼, 과일, 오렌지주스)을 선택해도, 오전 반나절만 되면 출출해지고 기운을 차리게 해줄 단 음식을 원할 가능성이 매우 높다. 더 큰 문제는 전혀 예상치 못한 아침 식사 메뉴에도 설탕이 숨어 있다는 사실이다.

아침 식사에 숨어 있는
설탕의 함정

우선 우리는 설탕이 아침 식사 어디에 숨어 있는지 찾아본 다음, 설탕 없는 하루를 힘차게 시작하도록 도와줄 수 있는 빠르고 맛있는 대안 음식을 알아볼 것이다.

테이블 설탕

아침 식사 시간에 가장 눈에 띄는 설탕 공급원은 차, 커피, 오트밀 포리지, 시리얼 등에 첨가하는 과립당 형태의 테이블 설탕이다. 당신은 그저 여기저기에 설탕 1스푼을 넣는다고 생각하지만 모으면 꽤 많은 양이다. 설탕 1스푼을 탄 차를 2잔 연이어 마시고, 습관적으로 이미 티스푼 5회 정도 분량의 설탕이 들어 있는 시리얼 위에 설탕을 뿌려 먹으면 집을 나서기도 전에 티스푼 8회 분량의 설탕을 아주 쉽게 먹어 버린 셈이다.

시리얼

시중에서 팔리는 시리얼의 설탕 함량은 종종 사람들을 깜짝 놀라게 한다. 초콜릿 시리얼의 설탕 함량이 높다는 것은 대부분이 알고 있는 사실이다. 테스코사社의 초코 스냅스Choco Snaps 제품과 세인즈버리Sainsbury 사의 초코 라이스 팝스Choco Rice Pops 제품의 설탕 함량은 35%다. 그런데 켈로그사의 리치클Ricicles 제품(40%)이나 허니 몬스터 슈가 퍼프honey monster sugar puffs 제품(31%) 같은 비초콜릿non-chocolate 시리얼에 들어간 설탕 함량 역시 충격적이다. 심지어 소위 '건강' 시리얼이라 불리는 시리얼에도 잼 도넛[1]보다 더 많은 양의 설탕이 들어 있기도 하다.

'건강' 시리얼의 설탕 함량에 대해서는 다음 표를 살펴보자.

시리얼	설탕 함량
도셋 시리얼 루시어스 베리&체리 Dorset Cereals Luscious Berries&Cherries	36%(45g 제공량당 티스푼 4회 분량)
알펜 오리지널 뮤즐리	23%(45g 제공량당 티스푼 2.5회 분량)
켈로그 올브란 플레이크	20%(45g 제공량당 티스푼 2회 분량)
켈로그 스페셜 K	17%(45g 제공량당 티스푼 2회 미만 분량)
도셋 시리얼 심플리 딜리셔스 뮤즐리	17%(45g 제공량당 티스푼 2회 미만 분량)

---

1 잼 도넛의 통상적인 설탕 함량은 10~15%(도넛 1개당 티스푼 2회 분량의 설탕) 정도다.

이 수치를 볼 때, 우리가 염두에 두어야 할 사항은 거의 모든 시리얼의 1회 권장 제공량이 고작 30~45g에 불과하다는 사실이다. 제조업체 입장에서는 그렇게 해야 1회 제공량당 설탕 함량이 꽤나 괜찮은 숫자로 보일 수 있기 때문이다. 그러나 실상 우리들 대부분은 이 권장량의 몇 배를 먹는다. 당신이 가장 좋아하는 시리얼의 30g을 실제로 저울에 달아보면 필자의 말이 무슨 뜻인지 이해할 것이다. 아울러 다음과 같은 현란한 마케팅 문구를 조심해야 한다.

- "섬유질은 풍부하고 지방은 낮다."라고 광고하는 시리얼은 벌꿀이나 설탕 옷을 입은 플레이크가 말린 과일과 함께 섞여 있는 경우가 많다. 따라서 필자는 그 시리얼을 '과당 플레이크'로 이름 붙이고자 한다.
- '벌꿀 첨가' '설탕 무첨가' '천연 설탕' 등과 같은 표현은 과당을 함유했음을 의미한다. 벌꿀은 과당의 비중이 40%에 이른다. 또한 말린 과일의 70%는 설탕인데, 이 중 상당량이 과당이다.
- 그래놀라 같은 볶은 시리얼은 볶는 과정에서 설탕이 추가된다. 대부분의 경우 설탕 함량이 20%다.

아침 식사로 시리얼을 먹으면서 동시에 아침의 함정을 피하고 싶다면 곡물, 밀 비스킷 또는 설탕이나 말린 과일이 들어 있지 않은 뮤즐리 시리얼 같은 저당 시리얼로 전환하라. 이 작은 변화만으로 당신의 설탕 섭취는 단번에 줄어든다.

밀기울 플레이크 30g(1회 권장 제공량)에는 티스푼 약 2.4회 분량의 설탕이 들어 있다(이는 물론 당신이 30g이라는 권장량을 준수한다고 가정할 때의 이야기다). 밀 비스킷 2조각(1회 권장 제공량)에는 티스푼 0.5회 미만의 아주 적은 설탕이 들어 있다. 매일 이렇게 먹는다면, 당신의 1주 설탕 섭취량을 티스푼 14회 분량만큼 줄일 수 있다.

이외에 설탕의 함정을 피하는 최고의 선택은 당신만의 뮤즐리 시리얼을 직접 만들어 먹는 것이다. 만드는 데 시간도 적게 들 뿐 아니라 재료도 직접 선택할 수 있으며, 밀봉한 용기에 넣어 수개월 동안 보관할 수도 있다. 따뜻하고 편안한 아침 식사를 원한다면 직접 만든 뮤즐리 시리얼과 따뜻하게 데운 우유를 함께 즐겨보라.

빵

유감스럽게도 시리얼보다 빵에 대한 나쁜 소식이 더 많다. 가게에서 팔리는 대부분의 빵에는 깜짝 놀랄 만큼 많은 양의 설탕이 들어 있다. 일반적으로 흰 빵(4%)과 베이글(6.5%)에 가장 많은 설탕이 들어 있지만, 최근에 흑빵 및 통밀빵을 분석한 결과 흰 빵이나 베이글보다 오히려 설탕 함량이 높은 제품이 많았다. 또 일부 제품의 경우 빵 1조각당 티스푼 1/2회 이상의 설탕이 들어 있음이 밝혀졌다.

이에 대해 제조업체들은 통밀 분말의 쓴맛을 없애기 위해 설탕을 첨가했을 뿐이고 그 양도 무시할만한 수준이라고 강변한다. 하지만 설사

오랜 시간이 걸리는 출근길, 이른 아침에 열리는 회의,
아이들의 등교 준비 등으로
아침 식사시 우리의 가장 큰 관심사는
영양분이 아니라 시간이다.

그 양이 정말 미미한 수준이라 해도 중요한 것은, 궁극적으로 우리가 먹는 설탕의 양은 축적된다는 것이다.

빵이 당신의 친구가 될 수 없는 또 다른 이유가 있다. 곡물의 영양소는 제분 공정을 거치면서 대부분 사라지기 때문에 어떤 유형의 빵이든 일단 소화되면 설탕으로 빠르게 전환된다. 이는 통밀 계통의 제품도 마찬가지이고 아침 식사 시리얼에도 적용된다.

하지만 설탕 함량이 적은 빵도 있으니 참고하자. 천연 박테리아로 만드는 사워도우빵은 효모균으로 만드는 통상적인 빵에 비해, 설탕 함량이 적다. 또한 약한 포도당 및 인슐린 반응을 유발한다. 호밀빵과 통밀 피타빵 역시 좋은 선택이다.

마지막으로 집에서 빵을 구울 때는 강한 슈가 스파이크sugar spike를 유발하지 않는 코코넛 분말을 사용해보라. 빵을 직접 만들면 설탕의 양을 스스로 조절할 수 있기 때문에 설탕 섭취도 본인이 통제할 수 있다는 장점이 있다.

스프레드

우리가 빵에 발라 먹는 잼과 스프레드 중에는 설탕 함량이 50%를 넘는 제품이 많아 토스트 위에 초콜릿바를 바르는 것과 별 차이가 없을 정도다(밀크 초콜릿바의 설탕 함량은 약 50% 정도다). 스프레드의 설탕 함량은 다음과 같다.

스프레드	설탕 함량
벌꿀	78~83%
잼과 과일설탕조림conserve	50~70%
헤이즐넛 스프레드	50~55%
레몬 또는 오렌지 커드	46~51%
마시멜로우 플러프fluff	49%

가장 좋은 스프레드는 캐슈넛, 아몬드, 헤이즐넛 등이 첨가된 견과류 버터나 코코넛 버터다. 효모추출물 스프레드는 설탕이 아주 적거나 아예 없지만, 소금의 함량이 매우 높기 때문에 얇게 발라서 먹어야 한다.

유기농 땅콩 버터의 설탕 함량은 대개 2~3%다. 이를 구매할 때는 농약, 균류 그리고 땅콩에 기생하는 발암성 곰팡이의 일종인 아플라톡신이 들어 있을 가능성이 낮은 유기농 제품을 구매하라. 당신이 만약 땅콩 버터를 좋아한다면, 매일 몇 스푼씩 먹기보다 적당량을 먹는 것이 최선이다. 아니면 아예 아보카도 1/2개를 후추와 레몬주스와 함께 으깬 다음 토스트에 발라 먹을 수 있는 천연 스프레드를 만들어라.

과일주스

주스를 마실 때 기억해야 할 것은 주스에는 콜라만큼이나 많은 설탕이 함유되어 있다는 사실이다. 그 주스가 유기농이든, 카페에서 방금 짜거나 주스 병에서 따랐든, 집에서 직접 만들었든 상관없다. 330ml의 콜라캔과 330ml의 사과주스에는 티스푼 8회 분량의 설탕이 동일하게 들어 있다. 주스는 특히 건강에 해롭다는 사실을 기억하라. 주스에서 설탕은 섬유질 없는 액체 상태로 존재하기 때문에 아주 빠르게 간에 도달한다. 그리고 간이 설탕을 처리하는 과정에서 대부분의 설탕은 지방으로 전환된다.

과일주스를 마실 때는 다음의 가이드라인을 준수하라.

● 가능하다면 과일주스 대신 과일을 통째로 먹어라.
● 과일즙 기계 대신 믹서기를 사용하면, 과일 전체를 먹을 수 있다. 과일을 믹서기에 갈면 섬유질이 파괴된다고 들은 적이 있지만, 이 주장을 뒷받침할 만한 연구 결과는 아직 없다. 믹서기를 통해 얻을 수 있는 스무디에는 섬유질이 들어 있기 때문에 주스만큼 나쁘지 않다.
● 과일을 첨가해 단맛을 낸 채소 스무디 만들기에 도전해보라.
● 만약 당신이 과일주스를 아주 가끔 마시는 사람이라면, 자몽주스 같은 저당 주스를 선택하고 물로 희석하라. 또한 포도주스 같은 고당 주스는 피하라.

Tip 우유에 관한 짧은 진실

우유는 자당이나 과당을 함유하지 않기 때문에 고당 식품이 아니다. 그러나 우유가 정기적으로 섭취하기에 적합한 식품인지에 대한 논쟁은 아직도 진행 중이다. 또한 영국 인구의 5% 정도가 유당불내증을 겪고 있는 것으로 추정된다. 게다가 저온살균 공법이 우유의 효소·비타민·단백질 등을 파괴하고 우유가 인슐린 분비(이는 우유에서 발견되는 유당과 단백질의 특별한 결합 때문인 것으로 추측된다)를 촉진한다고 주장하는 전문가들이 많다.

만약 당신이 우유를 마신다면 가능한 유기농 전유whole milk를 선택하라. 유기농 전유는 호르몬과 항생제가 없기 때문에 '유기농'이라는 말을 사용하며, 또한 지용성 비타민인 비타민 A, D, E, K를 포함하는 크림 형태이기 때문에 '전유'라는 말을 사용한다. 반탈지유semi-skimmed milk와 탈지유는 영양소는 적은 반면 유당(유당은 우유에서 물을 기초로 한 부분에서 발견된다)은 많다.

우유의 대안으로 코코넛 우유, 아몬드 우유, 오트밀 우유, 쌀 우유를 고려해보라. 콩의 파이토에스트로겐 성분이 유방암 성장을 촉진한다는 연구 결과 때문에, 콩류 및 콩 제품의 안전성에 대한 일부의 우려가 있다는 점도 참고하기 바란다.

저당 또는
무설탕 아침 식사

만약 당신이 수년간 매일 똑같은 아침 메뉴를 먹었다면, 그 메뉴 이외에 다른 대안이 존재한다는 사실 자체를 상상하기 힘들 수 있다. 그러나 다른 대안은 분명히 존재하며 당신의 미뢰가 아직 그 맛을 모를 뿐이다. 우선 아침 식사 시간(사실 모든 식사 시간) 중 특히 중요한 일은 단백질과 지방을 섭취하는 것이다. 단백질과 지방은 당신의 몸에 천천히 타는 연료를 공급한다. 이 연료는 당신을 몇 시간 동안 활기차게 해주며, 이로 인해 설탕 욕구나 간식의 충동이 감소한다.

단백질과 지방을 섭취할 수 있는 대표적인 음식은 다음과 같다.

- **지방 공급원:** 아보카도, 버터, 육류[2], 코코넛과 코코넛 오일, 올리브와 올리브 오일, 견과류 오일(비가열), 대마유, 기름기가 많은 생선(연어, 고등어, 정어리, 송어, 청어, 멸치 등)
- **단백질 공급원:** 달걀[3], 견과류, 치즈, 지방을 제거하지 않은 요구르트와 그리스식 요구르트, 육류와 가금류, 생선과 해산물

---

2 소시지, 베이컨, 햄 그리고 다른 가공육에는 소금뿐 아니라 암 그리고 심장질환과 관련 있는 아질산나트륨 같은 방부제가 들어 있다. 따라서 위험성을 줄이려면 매일 섭취하는 것을 피하고 가능한 포장 및 가공제품보다 고품질의 신선한 육류를 선택하라.

3 달걀이 콜레스테롤 및 심장질환과 관련 있다는 주장은 잘못 알려진 사실이다. 달걀에는 고품질의 단백질, 지방, 비타민, 미네랄이 들어 있기 때문에 달걀은 당신이 섭취할 수 있는 가장 건강하면서 동시에 가장 완벽한 자연식품 중 하나다. 달걀의 섭취량에 대해 정해진 규칙은 없다. 따라서 일주일에 여러 차례 먹는다 해도 걱정할 필요는 없다.

저당의 아침 메뉴

저당의 아침 식사를 즐기기 위한 아침 메뉴에는 크게 시리얼, 토스트, 과일, 요리 메뉴 등이 있다. 다음에 제시된 방법들을 활용해 각각의 메뉴를 다양하게 즐겨보자.

우선 시리얼의 경우에 한 움큼의 베리와 견과류, 요구르트, 코코넛 플레이크와 섞어 먹을 수 있다. 혹은 시중에 파는 설탕과 말린 과일이 들어 있지 않는 뮤즐리 시리얼도 좋은 선택이다. 아무 맛도 첨가하지 않은 밀 비스킷이나 곡물 식품, 시나몬을 첨가하고 베리를 얹은 오트밀도 시도해보자.

토스트를 먹을 때는 사워도우빵이나 호밀빵에 다음의 재료를 토핑해보자.

- 견과류 버터, 유기농 땅콩 버터나 효모추출물 스프레드
- 구운 채소와 으깬 아보카도 1/2개에 올리브 오일을 살짝 뿌린 스프레드
- 치즈, 후추, 말린 바질을 첨가한 토마토 슬라이스
- 파르마 햄이나 딸기 슬라이스를 첨가한 으깬 아보카도와 염소치즈

과일도 다양한 방법으로 즐길 수 있다. 예를 들면 마카다미아 크림과 아몬드를 첨가한 과일 샐러드나 베리와 마카다미아 크림을 넣은 코코넛 팬케이크를 만들어보자. 또는 채소와 과일을 갈아 스무디를 만들

주스를 마실 때 기억해야 할 것은
주스에는 콜라만큼이나
많은 설탕이 함유되어 있다는 사실이다.

어도 좋다.

그러나 스무디를 만들 때는 과일보다는 채소를 주재료로 사용하라. 이때 지방과 단백질을 포함하는 것을 잊지 말라. 지방은 우리 몸이 녹색 채소로부터 가장 좋은 영양분을 흡수할 수 있도록 돕는다. 또한 지방과 단백질이 함유된 스무디는 스무디만으로도 우리 배가 든든해질 수 있도록 해준다.

뒤에 나오는 '똑똑한 스무디 만들기'에서는 다양한 스무디를 맛볼 수 있도록 활용할 수 있는 재료들을 소개해두었다. 기호에 맞게 재료를 선정해 시도하다보면, 당신은 매번 완벽한 스무디를 만들 수 있을 것이다.

이외에 아침 메뉴로 괜찮은 요리를 소개하자면 다음과 같다.

- 포치드에그와 살짝 익힌 시금치를 토핑한 사워도우 토스트

- 찐 아스파라거스나 약간의 바다 소금으로 삶은 달걀

- 스크램블드 에그, 페타치즈, 시금치

- 훈제 연어 및 아보카도 1/2개와 함께 먹는 스크램블드 에그

- 아보카도, 토마토, 코리앤더 샐러드와 함께 먹는 버섯 오믈렛

- 시금치와 얇게 썬 아보카도를 맨 마지막에 얹은 염소치즈 오믈렛

- 베이컨, 달걀, 구운 토마토와 버섯

- 남은 채소·생선·고기 그리고 달걀, 치즈, 신선한 허브로 만든 해시hash

혹시 토마토소스를 사용할 경우 이 점을 기억하라. 토마토소스 1큰

술에는 티스푼 1회 분량의 설탕이 들어 있다. 따라서 직접 토마토소스를 만들거나 겨자소스로 전환하라.

Tip 마음집중

빨리 집을 떠나야 하기 때문에 아침은 음식을 급하게 먹어 치울 가능성이 가장 높은 식사 시간이다. 이런 점에서 아침 식사는 오히려 우리가 9장에서 배운 마음집중 식사법의 3번째 기술인 '천천히 식사하기'를 연습하기에 가장 적합한 시간이기도 하다. 느긋함과 천천히 식사할 필요성을 일깨워 줄 작은 메모나 물건을 식탁 위에 올려놓아라(즐겁게 접근하라. 당신에게 의미 있는 어떤 물건이라도 좋다).

습관

아침에 허둥지둥 서두르는 것을 피하고 싶다면, 전날 밤 아침 식사 재료를 미리 준비해서 부엌 조리대나 냉장고에 분류해두면 아침에 손쉽게 찾을 수 있다. 전날 밤 가능한 많이 준비하라. 채 썬 과일 또는 한줌의 베리와 함께 요구르트 몇 숟가락을 유리병에 넣어두어라. 그리고 아침에 견과류, 씨앗, 코코넛 플레이크를 첨가하면 5초 만에 아침 식사가 완성된다.

운동

요가와 명상은 당신의 하루를 부드럽게 시작하는 훌륭한 방법으로 평온한 상태로 집을 나설 수 있도록 도와준다. 20분 정도 요가 DVD를 따라하거나 온라인 요가 수업을 신청하라. 영국 브리스톨 대학교에 따르면 출근 전 운동하는 직장인이 더 행복하며 어떤 일이든 더 잘 해낸다고 한다.

아침 식사 조리법

똑똑한 스무디 만들기

재료
주 액체 성분(택일)
- 코코넛 우유
- 아몬드 우유
- 코코넛 워터

채소(1~3개 선택)
- 한 움큼의 시금치
- 물냉이, 로켓(루꼴라), 케일, 청경채
- 오이 1/2개
- 셀러리 2~3개
- 소량의 파슬리 또는 민트

과일(택일)
- 딸기 3개
- 혼합 베리 한 움큼
- 사과 1/2~1개
- 바나나 1/2~1개
- 키위 1개
- 파인애플 1조각
- 배 1개

단백질(1~2개 선택)
- 생달걀 1개
- 플레인 요구르트 또는 그리스식 요구르트 1큰술
- 유기농 땅콩 버터 또는 아몬드 버터 1큰술
- 견과류 또는 씨앗 1큰술

지방(1~2개 선택)
- 작은 크기의 잘 익은 아보카도 1개
- 코코넛(플레이크 또는 말린 형태) 1~2큰술
- 대마유 또는 코코넛 오일 1~2큰술

추가 재료(1~2개 선택)
- 치아씨앗 1티스푼
- 스피룰리나 등의 녹색 분말 2티스푼
- 시나몬 가루
- 바닐라 파우더 0.5티스푼
- 소량의 스테비아 또는 벌꿀
- 천연 카카오 분말 1~2큰술
- 레몬이나 라임즙
- 생강 또는 다진 생강 1큰술

조리법
제시된 재료 중 원하는 재료를 골라 함께 갈면 완성이다. 뿌리채소나 사과를 이용할 경우 다른 재료와 혼합하기 전에 강판에 미리 갈면 식감이 훨씬 부드러워진다. 기분을 전환해주는 시원한 스무디를 원한다면, 얼린 바나나 또는 베리를 사용해보자.

"전에는 아침 식사로 시리얼을 먹었지만 최근에 과일, 코코넛 우유,
견과류 등의 재료를 사용해 단백질 셰이크를 만들어 먹습니다.
시리얼을 먹을 때는 오전 반나절만 되도 허기를 느끼고,
그러면 건강에 좋지 않은 것들로 빨리 허기를 채우려 했습니다.
그런데 아침 식사를 바꾸고 나서는 오랫동안 속이 든든해
점심 전에는 아무것도 먹지 않게 되었습니다.
그러다 보니 점심에도 건강에 좋은 것을 먹게 되었습니다."

마이크

수제 뮤즐리 시리얼(1회 분량)

재료
- 포리지 오트porridge oat 또는 스펠트 플레이크spelt flake
- 혼합 견과류
- 혼합 씨앗(호박씨나 해바라기씨)
- 코코넛 플레이크

조리법
모든 재료를 함께 섞고 밀봉 용기에 저장하라. 기호에 따라 시나몬, 천연 카카
오닙 또는 치아씨앗 등을 추가해보자.

페타치즈와 시금치 스크램블드 에그(2인분)

재료
- 중간 크기 달걀 5개
- 시금치 2~3움큼
- 페타치즈(정육면체 형태) 100g
- 버터 1조각 또는 코코넛 오일

조리법
시금치를 깨끗이 씻고 냄비에서 2~3분 동안 데친 다음 물기를 제거하라. 잎에 남은 물기 때문에 따로 기름을 넣을 필요는 없다. 시금치를 데치는 동안 달걀을 풀고 후추를 넣어라. 버터나 코코넛 오일을 녹인 다음 달걀을 붓고 스크램블드 에그처럼 될 때까지 약한 불에서 부드럽게 저어라. 시금치와 페타치즈를 넣고 1분 정도 더 저어라. 달걀이 약간 촉촉한 상태일 때가 제일 맛있다. 그릇에 바로 음식을 담아라. 토스트 빵은 필요하지 않다. 보다 신선한 맛을 원한다면, 차이브나 파슬리 가루를 뿌려라.

변형 요리법
시금치와 페타치즈 대신 한 줌 정도의 체다치즈와 데친 브로콜리 꽃을 넣어라.

어린이를 위한 아침 식사

아이들도 함께 설탕 함량이 적은 식사를 즐길 수 있도록 하자. 아이들은 설탕이 많이 들어간 시리얼을 쉽게 포기하지 않으려 하지만 곧 그들 역시 새로운 입맛에 적응할 것이다. 우선 설탕 함량이 적은 시리얼로 교체해 아이들이 즐겨 먹는 시리얼에서 서서히 벗어나도록 하자. 그다음에 수제 뮤즐리 시리얼, 견과류 및 요구르트를 섞은 과일, 아침 요리 메뉴 등 설탕이 적게 들어간 대체 음식으로 전환하라.

이때 가장 좋은 방법은 이 모든 과정에 아이들을 참여시키는 것이다.

- 아이들에게 수제 뮤즐리 시리얼을 함께 만들자고 요청하고, 아이들이 직접 견과류와 씨앗을 고르게 하라.
- 장보러 갈 때 아이들을 데리고 가서 아이들에게 설탕 탐정 놀이를 시켜보자. 탐정이 되어 건강에 좋은 무설탕 요구르트와 시리얼 제품을 찾아보도록 하라.
- 전날 밤 최대한 많이 준비하고 아이들에게는 아침에 식탁 위에 접시와 수저를 준비하도록 하라.
- 설탕을 나쁜 것으로 낙인 찍거나 설탕에 대해 강박적인 모습을 아이들에게 보이지 말라. 우선 즐겁게 접근하고 그 이후 설탕을 줄이기 위한 당신의 노력이 아이들에게 따라야 할 규범이 되도록 하라. 아이들을 강압한다고 될 일이 아니다.

설탕이 적게 들어간
대체 음식으로 전환하라.
이때 가장 좋은 방법은 이 모든 과정에
아이들을 참여시키는 것이다.

11
오전 간식

설탕이 많이 들어간 아침 식사를 먹으면, 얼마 지나지 않아 오전 간식 거리를 찾을 가능성이 높다. 오전 간식거리로 우리는 미식가들이 즐겨 찾는 코스 메뉴를 원하는 게 아니라 초콜릿바, 비스킷, 탄산음료처럼 구하기 쉽고 바로 먹을 수 있으며 맛있는 음식을 찾는다.

그런데 이런 간식에서 얻는 에너지의 생명력은 짧다. 일단 인슐린이 분비되면 혈당이 급격히 떨어지고 피곤함과 짜증이 밀려오면서 또 다른 간식거리를 찾게 된다.

오전 간식으로 흔히 찾는 뮤즐리바, 말린 과일, 가향 요구르트는 언뜻 건강에 좋은 선택처럼 보이지만 이들 식품의 영양 성분표는 우리에게 전혀 다른 진실을 말해준다.

"병아리콩, 사탕옥수수, 참치에 수제 오일 샐러드 드레싱을 뿌린 나만의 수제 샐러드를 즐깁니다. 양도 풍부하고 오후 2시까지 속을 든든하게 채워줍니다. 그 샐러드는 만들기도 간편해서 회의 중간에 나쁜 음식을 먹을 핑계거리도 없습니다."

마이크

"오전 11시가 되면 커피점에 어떤 케이크가 있는지 찾게 됩니다. 단것을 먹고 빠르게 에너지를 얻었다가 곧 에너지가 떨어지는 현상을 겪습니다."

제이슨

"페이스트리, 초콜릿, 치즈 케이크, 말린 과일처럼 빠르게 에너지를 얻을 수 있는 것이라면 뭐든지 먹고 싶습니다."

케이티

"우울하거나 일이 지루할 때, 탄수화물과 단 음식이 무척 당깁니다."

레이첼

당신은 설탕 롤러코스터를 타고 있는가?

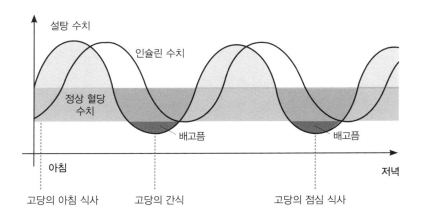

오전 간식에 숨어 있는
설탕의 함정

시리얼바

대부분의 에너지바, 시리얼바, 과일바에는 너무 많은 설탕이 들어 있어 차라리 과자 가게에 있는 편이 더 어울릴 정도다. 나크드 루바브 앤 커스타드바Nakd Rhubarb and Custard bar에는 티스푼 4회 이상의 설탕이, 알펜 블루베리 앤 크랜베리바Alpen Blueberry and Cranberry bar에는 티스푼 8회 이상의 설탕이 들어 있다.

시리얼바를 선택할 때는 우선 시리얼바의 성분 목록을 확인하라. 설탕이 함유되지 않은 바는 대개 대추야자 같은 말린 과일에서 얻는 과일 설탕을 함유하는 경우가 많다. 이는 무설탕바 역시 과당으로 가득 찼다는 것을 의미한다. 바에 과일이 들어 있지 않다면 벌꿀, 아가베시럽, 메이플시럽, 사탕수수 설탕, 인공 감미료 등으로 단맛을 냈을 가능성이 높다.

말린 과일

말린 과일에 대해서는 3장에서 이미 살펴보았으니 여기서는 간단하게 살펴보도록 하자. 커런트, 대추야자, 씨 없는 건포도sultana, 무화과 등의 말린 과일은 수분이 제거되었기 때문에 과일 설탕을 농축시키는 경향이 있다. 예를 들어 살구 2개(개당 35g)에는 티스푼 1.5회 분량의 설탕이 들어 있지만, 말린 살구(75g)에는 티스푼 7회 분량 이상의 설탕이 들어 있다. 따라서 말린 과일보다는 생과일을 선택하는 것이 좋다.

요구르트

우리는 과일과 요구르트가 건강에 좋다고 생각하며 자랐기 때문에 과일 요구르트는 당연히 건강에 좋다고 생각한다. 그러나 사실은 그렇지 않다.

- 상표에 '무가당'이라고 화려하게 장식한 요구르트에는 사탕수수 설탕이 들어 있지 않을 수도 있다. 그 대신 과일주스 추출물이나 농축액이 들어 있을 가능성이 높다.
- '다이어트' 또는 '저지방' 요구르트를 피하라. 제조업체들은 자사 제품에서 지방을 제거할 때 손실된 맛과 식감을 보충하기 위해 더 많은 설탕을 첨가하는 경향이 있다. 그 결과 저지방 요구르트에는 아이스크림보다 더 많은 설탕(의심스러운 인공 감미료와 함께)이 들어 있는 경우가 종종 있다.
- 해결책은 지방이 함유된 플레인 요구르트나 그리스식 요구르트를 먹고 잘게 썬 과일을 섭취하는 것이다. 플레인 요구르트의 맛은 원래 시큼하다. 만약 의심스러운 단맛이 난다면, 영양 성분표를 확인해 설탕이 위장된 성분으로 숨어 있는 것은 아닌지 확인하라.

아래의 표는 시중에 판매중인 요구르트 제품의 설탕 함량을 보여준다. 제공량당 설탕 함량을 살펴보자.

요구르트	설탕 함량
다농Dannon 과일 요구르트(블루베리맛)	170g당 티스푼 6회 분량
여오 밸리 Yeo Valley 유기농 바닐라맛 무지방 요구르트(450g)	120g당 티스푼 4.5회 분량
테스코 파이니스트 베리, 라즈베리, 크랜베리 요구르트(400g)	120g당 티스푼 4.5회 분량
뮐러 바이털러티Müller Vitality 요구르트(딸기맛)	120g당 티스푼 4회 분량
베네콜Benecol 무지방 가든 프루트 요구르트	120g당 티스푼 3회 분량

상단의 표에 표기된 설탕 함량 중 일부는 젖당이라는 사실을 기억하라. 미국 낙농협회National Dairy Council에 따르면, 일반적으로 요구르트의 젖당 함량은 우유의 젖당 함량(100g당 4.7g)보다 낮다. 따라서 가향 요구르트에 함유된 설탕은 대부분 별도로 첨가된 것으로 보면 된다. 그러므로 항상 영양 성분표를 확인하는 것이 중요하다.

저당 간식

간식 애호가들은 혈당을 안정적으로 유지하려면 하루 동안 자주 음식물을 섭취해야 한다고 주장한다. 이 통념은 오랫동안 전 세계적으로 인정을 받아왔지만 이제는 도전을 받고 있다. 최근의 연구에 따르면, 식사 횟수는 적으나 한 번에 많이 먹는 사람들의 혈당이 더 낮은 것으로 나타났으며, 자주 먹는 사람들에 비해 더 큰 포만감을 느끼는 것으로 밝혀졌다.

이는 조금만 생각해보면 금방 이해할 수 있는 사실이다. 옛날에 우리 조상들은 마음이 내킬 때마다 가까운 슈퍼마켓에 곧장 들러 음식을 섭취할 수 없었다. 이는 우리 몸이 하루 종일 간식거리를 먹고 소화하도록 진화되지 않았다는 뜻이다.

몇 주를 설탕 없이 지내면 간식에 대한 욕구가 급감하는 걸 느낄 수 있다. 물론 이는 고품질의 단백질, 지방 그리고 과일 및 채소 같은 복합 탄수화물을 골고루 먹고 있다는 전제하에 가능한 일이다. 몸이 말하는 소리에 귀 기울여라. 당신이 진짜 배고프다면, 무엇이든 먹되 진짜 음식(비가공제품)을 선택하라. 예를 들면 견과류, 삶은 달걀, 올리브, 치즈, 구운 연어, 코코넛 플레이크, 수제 플랩잭 등을 간식으로 먹어라. 혹은 아래의 간식거리로 시작해보는 것도 좋다.

- 견과류 버터에 찍어 먹는 셀러리 줄기
- 겨자소스에 찍어 먹는 닭다리
- 후무스나 과카몰리를 첨가한 생채소 전채요리crudites
- 모차렐라 치즈, 토마토, 바질잎, 올리브 오일 등으로 만든 미니 샐러드
- 캔 참치나 정어리를 으깬 아보카도와 섞어 사워도우 토스트에 발라 먹기

 마음집중

감정이 간식 욕구를 유발하는 경우가 많다. 이때 도움을 줄 수 있는 마음집중 식사법의 2가지 기술이 있다. 첫 번째 기술은 진짜 배고플 때 먹는 것이고, 두 번째 기술은 당신의 몸이 필요로 하는 것을 먹는 것이다. 당신이 진짜 배고픔을 느끼는지 알아보기 위해 자신의 몸에 초점을 맞추는 훈련을 정기적으로 수행하고 당신의 내장이 무엇을 원하는지 물어보자. 정서적인 허기에 기인한 간식 욕구를 알아채는 일이 훨씬 쉬워질 것이다. 그렇게 되면 간식 욕구를 유발하는 감정의 문제를 음식이 아닌 다른 방법으로 다룰 수 있다.

습관

간식 섭취는 우리가 자주 빠져드는 습관일 뿐이다. 아래의 새로운 습관을 시도해보면, 당신의 오랜 습관의 힘이 약해지는 것을 느낄 수 있다.

- 간식을 미리 준비하라. 출근할 때 건강에 좋은 간식을 챙기고 외근할 때는 가방 안에 넣어두어라.
- 눈에 띄는 곳이나 손이 쉽게 닿는 곳에 간식을 두지 말라. 특히 책상 위에 두지 말고, 탕비실에서 멀리 떨어진 곳에 간식을 보관하라.
- 비스킷이나 초콜릿을 혼합 견과류나 코코넛 플레이크로 교체하라. 견과류와 코코넛은 둘 다 영양소가 풍부한 식품이다. 따라서 허기를 달랠 목적으로 많은 양을 섭취할 필요는 없다. 다른 음식과 마찬가지로 많이 먹으면 체중이 증가하니 하루 한 줌 정도로 섭취량을 제한하라.
- 간식 섭취 습관을 유발하는 환경을 가급적 피하라. 만약 당신이 헤라클레스 같은 의지력의 소유자가 아니라면, 간식거리가 당신을 유혹하는 장소는 피하는 것이 좋다.
- 습관을 유발하는 행동을 피하라. 차나 케이크를 마시면서 친구와 수다를 떨기보다 같이 산책해보자고 제안하라.
- 당신의 주의력을 분산하라. 주변을 산책하거나, 물을 마시고, 빨래를 널고, 친구와 통화하고, 친구나 애인에게 포옹해달라고 부탁하라.

운동

오전에 10분 정도 시간을 내 휴식 시간을 가져라. 짧은 시간이지만 집중해서 반짝 운동하기에는 최고의 시간이다. 산책하러 밖에 나가거나 계단을 오르내려라. 개를 산책시키든, 정원을 가꾸든, 집안일을 하든, 상점까지 걸어가든, 기지개를 켜든, 골프를 치든 하루 종일 최대한 많이 움직여라. 관련 연구를 분석한 자료에 따르면, 5분만 운동해도 기분이 한결 나아지는 효과를 거두는 것으로 밝혀졌다. 만약 당신이 밖으로 나갈 수 있다면 더 좋다. 5분간의 상쾌한 운동은 스트레스를 줄이고 기분을 밝게 하며 자존감을 향상시킨다.

저당 또는
무설탕 간식

어린이를 위한 간식

유년기는 아이들이 급격히 성장하는 시기로 간식은 어린이의 영양 공급에서 중요한 역할을 수행한다. 아이에게 먹는 즐거움을 주면서 동시에 건강을 지켜줄 수 있는 간식을 정리해두었다.

- **통나무 위 개미:** 반으로 자른 셀러리 위에 견과류 버터를 바르고 그 위에 견과류와 올리브를 점점이 뿌려라.
- **통나무 위 무당벌레:** 통나무 위 개미처럼 하되 견과류와 올리브 대신 잘게 썬 딸기를 사용하라.
- **과일과 치즈별:** 별 모양의 쿠키 커터를 사용해 치즈와 과일(멜론이나 사과)을 별모양으로 잘라내라.
- **오렌지와 그린칩:** 구운 고구마칩을 그린딥(으깬 아보카도를 레몬즙이나 라임 주스와 섞음)과 함께 먹어라.
- **사과 이빨:** 견과류 버터로 2조각의 사과를 입술처럼 만들고 그 사이에 바나나 조각을 이빨처럼 세워라.
- **고슴도치 후무스:** 냄비에 들어 있는 후무스에 길게 썬 당근, 셀러리, 피망을 꽂아라. 천연 카카오닙이나 블랙 올리브 2알로 눈을 만들어도 좋다

간식 조리법

사과와 코코넛 플랩잭(8~10인용)

재료
- 눌린 귀리 140g
- 말린 코코넛 50g
- 사과 2개(씨앗은 제거하되 껍질은 벗기지 않은 상태로 4조각)
- 견과류(피칸이나 호두) 1큰술
- 벌꿀(또는 당신이 좋아하는 감미료) 1큰술
- 코코넛 오일 2큰술
- 시나몬 가루(선택 사항)

조리법
식품 가공기food processor에 물을 1스푼 정도 넣고 사과 퓌레를 만들어라. 코코넛 오일과 벌꿀을 소스팬에서 녹인 다음 사과 퓌레와 남은 재료를 넣고 잘 섞어라. 코코넛 오일을 케이크 틴에 바르고 혼합물을 틴 안으로 밀어 넣어라. 오븐의 온도를 180℃로 맞추고 노릇노릇해질 때까지 20분 정도 구워라. 천천히 식힌 다음 조각으로 나눠라.

주의 사항
플랩잭에는 벌꿀(조각마다 아주 작은 양)이 함유되어 있으나, 초콜릿바 또는 시중에서 판매되는 대부분의 시리얼바보다 훨씬 더 많은 영양분이 들어 있다.

과카몰리(1회 제공량)

재료
- 크고 잘 익은 아보카도 2개
- 으깨거나 곱게 다진 마늘 1쪽
- 엑스트라 버진 올리브 오일 1큰술
- 라임주스, 바다소금과 후추

조리법
모든 재료를 함께 갈고 씹히는 식감을 원한다면 으깨라. 레몬주스, 오일, 양념을 첨가해 맛을 내라. 추가로 곱게 썬 그린 칠리, 토마토, 붉은 양파, 코리앤더를 넣어도 좋다.

후무스(1회 제공량)

재료
- 400g 중량의 병아리콩 캔(물은 빼라)
- 다진 마늘 1쪽, 레몬(1/2개)즙
- 엑스트라 버진 올리브 오일 2큰술
- 참깨 1큰술, 바다소금과 후추

조리법
모든 재료를 함께 섞은 다음, 레몬주스와 양념을 첨가해 맛을 내라. 만약 농도가 너무 진하면 약간의 물 또는 미량의 오일을 첨가하라.

감정이 간식 욕구를 유발하는 경우가 많다.
이때 도움을 줄 수 있는 마음집중 식사법의 2가지 기술이 있다.
첫 번째 기술은 진짜 배고플 때 먹는 것이고,
두 번째 기술은 당신의 몸이 필요로 하는 것을 먹는 것이다.

점심 식사

예전에 점심 식사 시간은 여유로운 시간이었지만 이제 그런 점심 시간은 사실상 사라졌다. 고작 5명 중 1명 정도만 1시간의 점심 식사를 온전히 즐길 뿐 60%의 사람들은 책상에서 점심을 해결한다. 따라서 손으로 들고 다니기 편한 샌드위치가 가장 인기 있는 점심 메뉴가 된 것은 전혀 놀랄 일이 아니다.

영국에서만 매년 30억 개의 샌드위치가 팔린다. 그러나 어떤 샌드위치(설문조사 결과 닭고기 샌드위치가 가장 많이 팔렸고 햄·달걀 샌드위치가 근소하게 뒤따른다)를 먹을지 고른 다음 영양 성분표를 꼼꼼히 살펴 얼마나 많은 설탕이 들어 있는지 확인해보는 사람은 별로 없다. 샌드위치에는 설탕이 별로 들어 있지 않을 것이라고 생각하기 때문이다. 수프와 샐러드 그리고 맛을 가미한 향미 워터도 마찬가지다.

그러나 음식 속에 얼마나 많은 양의 설탕이 들어 있는지를 판단할 때는 음식의 겉모습을 그대로 믿으면 안 된다.

점심 식사에 숨어 있는
설탕의 함정

샌드위치

우리는 샌드위치를 생각할 때 그 속에 들어 있는 설탕의 함유량에 대해서는 그다지 염려하지 않는다. 빵, 샐러드, 고기, 치즈 등이 재료의 전부인데 크게 잘못될 일이 뭐가 있겠는가? 그러나 아무 문제 없을 것 같아 보이는 작은 치즈 처트니 샌드위치에도 무려 티스푼 5회 분량의 설탕이 들어 있음을 알고 있는가? 또한 샌드위치 빵(랩, 바게트, 파니니, 베이글, 처배터ciabatta, 롤)은 체내에서 포도당으로 급격하게 전환되어 혈당을 높인다는 사실도 고려해야 한다. 결국 저당의 건강한 식사를 위해 샌드위치를 포기해야 하나 생각할 수도 있지만, 올바른 빵과 재료를 선택한다면 이 문제에서 벗어날 수 있다.

건강에 좋은 샌드위치를 만들기 위해서는 가능한 사워도우, 호밀, 통밀 피타빵처럼 설탕이 적게 들어간 빵을 골라야 한다. 아니면 아예 빵 대신 상추 잎 위에 샌드위치 재료를 올려놓고 먹든가 정기적으로 외출하는 상황이라면 고단백의 초밥을 구매하는 것도 좋은 선택이다. 또한 육류·참치·달걀·새우 같은 단백질이 들어간 샌드위치를 선택하면 영양의 균형을 맞추고 설탕의 분비 속도를 늦출 수 있다. 특히 피클, 처트니, 스위트칠리, 해선장hoisin sauce 같은 드레싱과 소스를 조심하라.

> "아무래도 건강한 식사를 하기 힘든 회사 구내 식당을 이용하는 것보다 도시락을 미리 준비하면 큰 도움이 됩니다."
>
> 케이티

만약 집에서 샌드위치를 만든다면 매번 똑같은 샌드위치에서 벗어나 시금치, 물냉이, 로켓, 채썬 당근, 블랙 올리브, 후무스, 얇게 썬 아보카도 등 다양한 재료를 시도해보라. 혹은 머스타드, 올리브 오일, 버터, 견과류 버터, 타프나드, 후무스, 과카몰리, 마르마이트Marmite나 유기농 땅콩 버터 같은 저당 또는 무설탕 스프레드를 사용하라.

칩

시장조사 업체 민텔Mintel의 발표 자료에 따르면, 영국에서는 매 3분마다 1톤의 칩이 소비되는데 이는 43초마다 공중전화 박스 하나를 가득 채울 수 있는 분량이다. 이는 칩이 중독성을 갖도록 만들어진다는 사실을 방증한다. 제조업체들은 자사의 제품에 우리의 두뇌가 원하는 소금, 지방 그리고 설탕의 이상적인 적정 혼합량이 들어가도록 세심한 노력을 기울인다. 또한 과학을 총동원해 만들어낸 아삭함도 중독성의 한 원인이다. 연구에 따르면 소비자들은 칩을 깨물어 먹을 때 아삭한 소리를 낼수록 그 칩에 더 빠져들기 때문에 제조업체들은 자사의 칩 제품이 중독을 유발하는 완벽한 아삭함을 갖도록 노력한다. 사람들은 대개 1평방 인치에 4파운드의 압력이 가해질 때 뚝 끊어지는 아삭함을 좋아한다고 한다.

그런데 칩이 도대체 설탕과 무슨 관계가 있는 것일까? 칩을 구매할 때 지방과 소금 성분이 염려될 수는 있지만, 설탕은 큰 걱정거리로 보이지 않는다. 여기서 우리가 주목해야 할 점은 칩의 주원료는 대부분 녹말 탄수화물인, 감자라는 사실이다. 탄수화물은 체내에서 포도당으로 분해되고 그 이후의 진행 과정은 당신도 잘 알고 있다. 칩은 재료(천연인가 인공인가)나 제조법(굽는가 아니면 기름에 튀기는가)에 상관없이 당신의 인슐린 수치에 악영향을 준다. 여기에 충치와 체중 증가의 문제도 고려하면 칩의 매력은 금방 사라진다. 칩은 몇 시간 동안이나 치아의 표면에 달라붙어 충치를 유발하며, 미국에서는 비만의 최대 주범으로 거론되고 있는 실정이다.

건강에 좋은 칩을 먹기 위해서는 아래의 사항들을 참고하자. 집에서 만들 수 있는 칩 조리법도 함께 소개해두었다.

- 시중에서 팔리는 칩을 먹는다면 아주 가끔만 먹도록 하라.

- 강한 풍미의 칩은 설탕 함량이 가장 높은 경향이 있다.

- 스위트칠리 같이 단맛 나는 칩은 피하라.

- 칩을 구매 전에는 항상 영양 성분표를 살펴보고, 비록 설탕 함량이 낮더라도 감자·쌀·옥수수·밀과 같은 탄수화물은 체내에서 설탕으로 분해된다는 사실을 기억하라.

- 가장 좋은 방법은 직접 칩을 만들어 먹는 것이다. 그러면 최소한 재료에 대해서는 안심할 수 있다.

카레 아몬드(1회 분량)

재료
- 아몬드 2움큼
- 터메릭울금 1큰술
- 쿠민과 코리앤더 0.5티스푼
- 후추와 바다소금

조리법
코코넛 오일에 아몬드를 넣고 가열하라. 소금, 터메릭, 쿠민과 코리앤더를 넣고 휘저어라. 향기로운 냄새가 날 때까지 3분 정도 약한 불에 구워라. 후추를 넣고 마무리하라. 불에서 꺼내 천천히 식게 하라.

케일칩(1회 분량)

재료
- 케일 2움큼
- 올리브 오일이나 코코넛 오일 1큰술
- 바다소금

조리법
질긴 케일 줄기는 제거하고 적당히 찢어라. 올리브 오일과 바다소금을 섞어 간을 하라. 베이킹 강판에 종이 1장을 깔고 그 위에 재료를 올려놓은 다음 아삭해질 때(약 10분 정도)까지 구워라. 바다소금을 살짝 뿌리고 바로 먹어라.

고구마칩(1회 분량)

재료
- 고구마 1~2개
- 코코넛 오일 1티스푼
- 맛내기용 재료(바다소금, 칠리 파우더 · 플레이크 또는 쿠민)

조리법
감자 필러나 만돌린을 사용해 고구마를 껍질 채 얇게 썰어라. 코코넛 오일로 베이킹 강판에 기름칠을 하고 오븐에 넣어 200℃의 불에서 10분간 굽되 중간에 뒤집어라. 바다소금, 칠리 파우더, 칠리 플레이크 또는 쿠민으로 간을 하라. 혼합 채소칩을 원하면 파스닙과 비트로 칩 만들기를 시도해보라.

탄산음료

만약 당신이 점심으로 세트 메뉴를 선택했다면 샌드위치와 감자칩을 탄산음료와 함께 먹었을 가능성이 높다. 설탕사용 규제운동 단체인 액션온슈가Action on Sugar에 따르면, 330ml 크기의 탄산음료 중 80%의 제품이 티스푼 6회 분량 이상의 설탕을 함유하고 있다고 한다. 더 놀라운 것은 향미 워터, 엘더플라워 그리고 우리가 오랫동안 즐겨온 진저비어나 클라우디 레모네이드처럼 건강에 좋을 것 같은 음료에도 코카콜라나 펩시콜라보다 더 많은 설탕이 들어 있다는 사실이다. 아래의 표를 참고하라.

탄산음료	330ml(1캔)당 설탕 함량
자민 스파클링Jammin Sparkling 진저비어	티스푼 12회
웨이트로스 클라우디 레모네이드	티스푼 10회
테스코 파이니스트 그레이프&엘더플라워 스프리츠	티스푼 9회
코카콜라	티스푼 8회
아메 그레이프&애프리컷Ame grape&apricot	티스푼 5회
볼빅 주스 베리 메들리Volvic juiced berry medley	티스푼 5회

탄산음료와 관련한 간단한 도움말을 덧붙이자면 탄산음료를 아예 마시지 말라고 권하고 싶다. 가혹하게 들리겠지만 탄산음료는 어떤 영양학적인 가치도 없으며 단지 당신의 건강을 해치는 최악의 제품일 뿐이

다. 당신은 물 1잔을 마신 다음 티스푼 6~12회 정도의 설탕을 입에 털어넣지는 않을 것이다. 하지만 그게 바로 우리가 탄산음료를 마실 때 하는 일이다.

이런 식으로 생각해보자. 우리가 탄산음료를 마시는 이유는 목이 마르기 때문이다. 그런데 탄산음료에는 많은 양의 칼로리가 들어 있다. 일반적인 콜라 1캔의 칼로리 수치는 140~150kcal 정도이며, 일부 에너지 음료의 경우 1캔의 칼로리 수치가 200kcal에 육박하기도 한다. 하지만 물에는 칼로리가 전혀 없다.

따라서 탄산음료 대신 물을 마셔라. 물을 마시기로 결심했다면 보다 즐겁게 물을 마시기 위해 아래 제시된 재료 중 1~2가지를 물에 첨가해보라.

- 진저 또는 캐모마일 같은 비과일성[4] 허브 티백(찬물에서 우려내라)
- 사과 슬라이스 조각과 시나몬 줄기 1/2개
- 신선한 바질과 앙고스투라 비터
- 생강 · 오이 · 셀러리 슬라이스 조각
- 레몬 · 라임 · 자몽 · 오렌지 슬라이스 조각
- 으깬 라즈베리와 민트 잎을 넣은 탄산수
- 딸기 · 오이 · 민트를 넣은 탄산수

---

4 자주 또는 많은 양을 마실 경우, 신맛이 나는 주스와 과일차는 치아를 부식시킬 수 있다.

샐러드 드레싱

샐러드는 영양소가 풍부한 점심 메뉴가 될 수 있지만 샐러드에 첨가된 일부 샐러드 드레싱은 겉보기와 다르게 문제가 될 수 있다. 대다수 샐러드 드레싱의 설탕 함량은 12% 이상이며, 1회 제공량인 30ml(2큰술)의 드레싱을 사용할 경우 샐러드에 설탕 1큰술을 쏟아붓는 것과 똑같다.

샐러드 드레싱	설탕 함량
발사믹 비니거	20~40%
발사믹 비네그레트	14~18%
프렌치	8~12%
사우전드 아일랜드	11%
이탈리안	8%
시저	1~4%
라이트 마요네즈	2%
마요네즈	1.5%

그렇다고 샐러드 드레싱을 아예 배제할 필요는 없다. 샐러드 드레싱은 샐러드를 맛있게 해주고 또한 드레싱의 지방 성분이 채소 내 항산화 물질의 흡수를 돕기 때문이다. 이는 우리가 저지방 제품을 피해야 하는 또 다른 이유가 될 수 있다. 샐러드 드레싱을 보다 건강하게 먹기 위해

서는 시중 제품 중에서 더 나은 드레싱을 고르거나 당신만의 샐러드 드 레싱을 직접 만들어라.

예를 들면 엑스트라 버진 올리브 오일이나 대마유를 기본 오일로 사용한 제품을 선택하고 당신이 좋아하는 맛을 첨가해보자. 혹은 발사믹 비니거(고당) 대신 저온살균하지 않은 사과 식초나 백포도주 또는 적포도주 식초를 사용해보는 것도 좋다. 또는 마늘, 허브, 머스타드(통곡물 · 프렌치 · 디종), 요구르트, 레몬즙, 라임이나 오렌지주스, 약간의 소금과 후추를 첨가해보자.

수프와 콩 통조림

수프는 특히 당신이 직접 만든다면 건강에 아주 좋은 메뉴가 될 수 있다. 시중 제품을 구매할 때는 토마토를 주재료로 한 수프 그리고 콩과 스파게티 캔에 들어 있는 토마토소스를 조심하라. 토마토에는 천연 설탕이 들어 있지만 약간 덜 익은 토마토가 수프와 소스 재료로 사용되면 신맛이 나고 그 신맛을 중화하려고 설탕이 첨가되기 때문이다.

건강에 좋은 수프를 선택하기 위한 조언은 다음과 같다. 첫째, 캔 제품은 가급적 피하라. 유통기한을 늘리기 위해 설탕이 첨가되기 때문이다. 둘째, 설탕 함량이 적은 수프에 들어 있는 인공 감미료에 유의하라. 마지막으로 가장 이상적인 방법은 집에서 직접 채소 수프를 요리하는 것이다. 만든 후에는 점심으로 먹을 수 있도록 분량을 나누어 냉동 보

수프	설탕 함량
토마토 스프 크림	티스푼 2.5회 분량(400g 캔 1/2통)
토마토와 바질 수프	1회 제공량당 티스푼 4회 분량(600g 상자 1/2통)
콩 통조림	1회 제공량당 티스푼 2.5~3회 분량(400g 캔 1/2통)
토마토소스 스파게티	1회 제공량당 티스푼 2회 분량(400g 캔 1/2통)

관해두면 좋다. 이때 육류, 병아리콩, 렌틸콩 등을 넣으면 배를 든든하게 해주는 스튜도 만들 수 있다.

저당 또는
무설탕 점심 식사

점심 식사를 준비하려면 가게로 달려가 선반에 위치한 아무 제품이나 덥석 집는 것 이상의 치밀한 계획이 필요하다. 힘든 일이지만 점심을 만들어 먹으면 설탕 섭취 문제에서의 통제권을 되찾을 수 있다. 게다가 점심 준비는 복잡하지도 않다. 전날 밤 샐러드를 미리 준비하고 다음 날 출근할 때 가지고 갈 수 있도록 냉장고 안에 넣어두면 끝이다.

예전에 점심 식사는 여유로운 시간이었지만
이제 그런 점심 시간은 사실상 사라졌다.
고작 5명 중 1명 정도가 1시간의 점심 식사를 즐길 뿐
60%의 사람들은 책상에서 점심을 해결한다.

점심 메뉴

점심 식사 메뉴로 당신이 활용할 수 있는 음식에는 샐러드, 수프, 샌드위치, 달걀, 생선, 육류, 초밥 등이 있다. 여기서는 각 메뉴들을 보다 맛있게 먹을 수 있는 방법에 대해 이야기하고자 한다.

우선 당신이 샐러드를 점심 메뉴로 선택했다면 다양한 재료를 활용해 샐러드의 풍미를 더해보자. 활용 가능한 재료로는 다양한 채소 잎, 구운 채소, 단백질이 풍부한 재료(생선, 육류, 치즈, 견과류, 씨앗, 삶은 달걀), 드레싱 등이 있다.

수프 역시 단백질(육류, 생선, 병아리콩, 파르메산치즈 토핑)을 보충한 채소 수프가 좋다. 샌드위치를 먹을 때는 다음의 재료로 맛을 내보자.

- 구운 채소, 시금치, 과카몰리, 페타치즈 또는 염소치즈
- 구운 버터넛 스쿼시, 양파, 닭고기, 시금치, 해리사harissa 무설탕 마요네즈
- 후무스, 강판에 간 당근, 잣, 코리앤더, 로켓

달걀 요리를 먹고 싶다면 프리타타나 샐러드와 함께 요리해보자. 생선을 활용한 메뉴에는 고등어나 정어리 파테로 토핑한 사워도우 토스트가 있다. 혹은 호두, 샐러드, 수제 머스타드 마요네즈, 아보카도를 곁들인 고등어나 송어 필레도 괜찮다. 양상추 위에 수제 콜슬로를 섞은 훈제 연어, 게, 정어리 또는 참치도 시도해보자. 크루디테이와 후무스를

마음중심

점심 식사 때는 정신을 집중하기 어려운 경우가 많다. 이동하면서 점심을 먹는 경우도 많고 책상에 앉아 일하면서 혹은 딴 생각에 빠진 채 점심 식사를 하기 때문이다. 마음집중 식사법의 4번째 기술인 '음식에 집중하라'라는 조언은 점심 식사를 통해 얻을 수 있는 기쁨을 배가시키고 더 큰 만족감을 느낄 수 있도록 도와준다. 일단 시도해보면 이 기술을 통해 오후를 준비하면서 평온함과 집중력을 유지할 수 있다는 사실에 깜짝 놀랄 것이다.

습관

- 점심 식단을 미리 계획하고 주말 쇼핑 목록에 필요한 재료를 적어두어라. 만약 당신이 모든 재료를 준비하고 있으면 즉석제품으로 점심을 때울 가능성이 줄어든다.
- 전날 밤 최대한 많이 준비하라. 그러면 다음 날 아침 출근 전에 준비해둔 음식을 챙기기만 하면 된다.
- 수프와 스튜는 매회 분량을 개별 포장해 냉동하고 다음 날 아침 해동을 위해 전날 밤에 미리 꺼내 놓아라.

운동

리즈 메트로폴리탄 대학교의 짐 맥케나Jim McKenna 연구원은 점심 시간에 운동하면 '점심 식사 후의 나른함post-lunch dip'을 경험할 확률이 떨어지고 업무 능력도 15% 향상된다는 사실을 밝혀냈다. 어떤 운동이든 상관없었다. 영국의 사무실 근무자 210명을 대상으로 한 연구에서 참가자들은 스트레칭, 요가, 에어로빅, 근력강화 운동, 농구 등 본인이 좋아하는 운동을 45~60분 정도 즐겼다. 이 연구를 이끈 연구원 짐 메케나는 운동의 중요성에 대해 이렇게 말했다. "에너지를 얻으려면 에너지를 써야 합니다. 이것이 바로 운동의 역설입니다."

곁들인 겨자소스에 찍어 먹는 닭다리 요리나 샐러드, 육류, 생선과 곁들여 먹는 수제 콜슬로도 좋은 점심 식사 메뉴다.

이외에도 초밥이나 단백질을 곁들인 삶은 감자 또는 고구마가 있다. 고구마와 감자 모두 탄수화물 함량이 높다. 가급적 껍질째로 먹고, 요리할 때 단백질이나 지방을 추가하고, 사이드 메뉴로 샐러드를 곁들여 적은 양을 먹고도 포만감을 느끼게 한다면 보다 균형 잡힌 식사가 될 수 있다. 함께 먹기 좋은 사이드 메뉴는 다음과 같다.

- 후무스와 파슬리
- 치킨과 수제 콜슬로
- 고등어 요리와 레몬 크림 프레쉬

어린이를 위한 점심

영국의 소비자 권익 감시단체 위치Which의 설문조사에 따르면, 아이들의 점심 도시락에 맥도날드의 설탕 도넛만큼 많은 양의 설탕이 들어 있음이 밝혀졌다. 치즈, 비스킷, 과일주스 등 겉보기에는 건강에 좋을 것 같은 5가지 메뉴로 만든 점심 도시락에 무려 티스푼 12회 분량의 설탕이 들어 있었다. 따라서 아래의 대안을 고려해보자.

- 고구마칩(슬라이스를 오븐에서 구운 것)

- 달콤한 레드페퍼 후무스딥에 찍어 먹는 꼬마 당근

- 체리 토마토, 완두콩, 옥수수처럼 천연적인 단맛을 내는 채소

- 사과와 코코넛 플랩잭

- 마카다미아나 캐슈넛 버터에 찍어 먹는 사과 슬라이스

- 수제 바나나빵이나 블루베리 머핀

점심 식사 조리법

치커리와 파르메산 샐러드(2인용)

재료
- 치커리 1개(얼기설기 자름)
- 냉이 또는 물냉이 한 움큼
- 셀러리 줄기 2개
- 절반으로 자른 완두콩 한 움큼
- 얼린(삶았다가 찬 물에서 식힌 후) 콩 한 움큼

토핑
- 소량의 견과류(잣, 호두) 및 호박씨앗
- 소량의 파르메산 또는 페코리노 쉐이빙(또는 페타치즈나 염소치즈)
- 수제 드레싱 2큰술

조리법
재료를 모두 섞은 다음 토핑 재료를 뿌려라.

그레이티드 샐러드 grated salad (2인용)

재료
- 강판에 간 당근 2개, 애호박 1개
- 썬 파 1개,
- 체리 토마토 한 움큼
- 소량의 호박 씨앗 · 해바라기 씨앗
- 호두
- 수제 드레싱 2큰술
- 삶은 달걀, 참치캔, 치즈, 견과류, 아보카도 1/2개 중 1~2개 재료 선택

조리법
그릇에 모든 재료를 넣고 섞어라.

만족스러운 샐러드 만들기

스무디와 마찬가지로 만족스러운 샐러드를 만들 수 있는 확실한 방법이 있다.

- 다양한 샐러드 채소 잎(치커리, 물냉이, 꼬마 시금치, 로켓)을 사용하라.
- 약간의 단백질(생선, 해산물, 육류, 치즈, 견과류, 씨앗, 삶은 달걀)을 추가하라.
- 약간의 지방(아보카도, 올리브, 견과류, 씨앗, 엑스트라 버진 올리브 오일이나 대마유)을 추가하라.
- 피망, 콜리플라워, 브로콜리, 파 또는 구운 채소처럼 잎이 두툼한 채소를 추가하라.

수제 샐러드 드레싱(180ml)

재료
- 사과 식초 60ml, 엑스트라 버진 올리브 오일 120ml, 미량의 소금과 후추

선택사항
- 디종 머스터드 1티스푼, 으깬 마늘 1/2쪽, 벌꿀 또는 현미시럽 1큰술
- 오레가노, 마조람, 타라곤 등의 말린 허브
- 파슬리, 민트, 차이브, 바질 등의 생허브

조리법
모든 재료를 깨끗한 병에 넣고 잘 흔든다. 최대 1주일 동안 냉장고에 보관하라.

고등어 파테와 물냉이 토스트(2~3인용)

재료
- 훈제 고등어 필레 3개
- 플레인 또는 그리스식 요구르트 1큰술, 레몬주스, 케이퍼 1큰술
- 후추, 물냉이, 카옌페퍼(선택 사항)

조리법
훈제 고등어 껍질을 벗기고 토막을 내서 믹서기나 그릇에 넣고 요구르트, 레몬주스, 케이퍼, 후추 등과 섞어라. 거친 질감을 형성할 때까지 혼합하라. 사워도우나 호밀빵 위에 물냉이를 얹은 다음 고등어 파테를 올리고 카옌페퍼를 뿌리면 끝이다(다른 맛을 원하면 타바스코소스나 호스래디시를 첨가하라).

점심 시간에 운동하면
'점심 식사 후의 나른함post-lunch dip'을
경험할 확률이 떨어지고
업무 능력도 15% 향상된다는 사실을 밝혔다.

13
오후의 슬럼프

만약 오후 반나절쯤 온몸에서 기운이 빠져나가는 것을 느낀다면 이 현상에는 여러 원인이 있을 것이다. 그 원인 중 하나는 이른 시간에 단 음식을 많이 먹은 당신이 이제 바닥을 향해 내리막길을 달리는 설탕 롤러코스터를 타고 있기 때문일 수 있다. 아니면 전날 밤 제대로 잠을 자지 못해 식욕통제 기능이 고장 나서 그럴 수도 있다.

또는 24시간 단위로 순환하는 생물학적 주기에 따라 오후 2~4시 사이에 체온과 코르티솔 호르몬 수치가 떨어지는 것이 원인일 수 있다. 이유야 어떻든 결과는 동일하다. 오후 한나절이 되면 몸이 피곤하고 무거워지며 비스킷을 곁들인 달콤한 차 한 잔이 아주 멋진 생각처럼 느껴진다.

하지만 이 멋진 생각이 꿈꾸는 음식은 사실 우리 몸이 필요로 하는

것과 정반대다. 설탕이 듬뿍 들어간 간식은 우리에게 한 번 반짝하는
에너지를 주지만 어느새 곧 우리를 또 다른 에너지 슬럼프로 몰아간다.

> "오후에 다이어트 콜라 마시는 걸 그만두었습니다.
> 엄밀하게 따지면 설탕은 없지만,
> 마시고 나면 설탕 욕구가 하늘을 찌를 지경이었거든요."
>
> 케이티

> "때로 슈가 히트sugar hit에 대한 열망이 무척 커
> 설탕만 들어 있다면 어떤 음식이든 상관하지 않고 먹었습니다."
>
> 조지

오후 시간에 숨어 있는
설탕의 함정

뜨거운 음료

카페나 매점 등에서 음료를 구매할 때의 문제점은 자사 홈페이지에 제
품의 영양 정보를 밝히는 고급 프랜차이즈 가게가 아니라면 음료의 내
용물이 무엇인지 확인할 길이 없다는 것이다.

스타벅스와 코스타(탈지우유로 만든 제품의 경우)에서 팔리는 음료의 설탕 함량은 아래와 같다(티스푼 기준 설탕 함량은 반올림한 수치다).

음료		설탕 함량(g)	설탕 함량(티스푼)
코스타 (450ml 메디오)	카페라테	15.6g	4
	모카	35g	8
	핫초콜릿	35.7g	8.5
	시나몬 라테	27g	6.5
스타벅스 (470ml 그란데)	카라멜 마키야토	31.9g	7.5
	화이트초콜릿 모카	59.9g	14
	차이티 라테	42g	10
	카푸치노	10.3g	2.5

음료를 마실 때도 설탕 섭취를 줄일 수 있는 방법을 시도해보자. 설탕을 단번에 끊겠다는 각오로 차나 커피에 설탕을 타지 말든가, 아니면 점진적인 접근법에 따라 첨가하는 설탕의 양을 매일 서서히 줄여 당신의 미뢰가 새로운 맛에 적응할 시간을 주도록 하라.

유명 프랜차이즈에서 음료를 구매할 경우, 홈페이지에 게재된 영양정보를 살펴보고 설탕 함량이 적은 음료를 선택하라. 예를 들어 화이트초콜릿 모카 대신 일반 모카 커피를 선택하자. 일반 모카 커피가 당신 몸에 좋다는 뜻은 아니지만 확실히 설탕의 양을 줄일 수는 있다.

당신도 예상할 수 있는 사실이지만, 가장 좋은 선택은 첨가물이 없는 기본적인 차나 커피 메뉴(방금 내린 커피, 아메리노, 에스프레소)다. 카푸치노를 마실 때는 설탕 대신 스파클링 시나몬을 사용하라. 시나몬은 혈당을 안정적으로 유지하는 데 도움을 주고 커피를 달게 하지 않으면서도 맛을 더해준다. 설탕이 들어간 음료 대신 차이, 바닐라, 시나몬, 카다몸처럼 단맛이 나는 허브차를 마시는 것도 좋은 방법이다.

비스킷, 케이크, 초콜릿바

커피와 함께 먹는 비스킷, 차와 함께 먹는 케이크 1조각처럼 뜨거운 음료는 종종 디저트 메뉴와 결합되어 나쁜 형태의 습관을 유발한다. 바로 이것이 가장 인기 있는 케이크, 비스킷, 초콜릿바에 가장 많은 양의 설탕이 숨어 있는 이유이기도 하다.

제품	제공량당 설탕
당근 케이크	슬라이스당 티스푼 5~7회
초콜릿 케이크	슬라이스당 티스푼 5~7회
맥비티 밀크 초콜릿 다이제스티브 비스킷	비스킷당 티스푼 1회
제이콥 클럽 민트 비스킷	비스킷당 티스푼 2회
데어리 밀크 초콜릿바	45g 바당 티스푼 6회
스니커스 초콜릿바	53g 바당 티스푼 6.5회

비스킷 섭취의 가이드라인은 다음과 같다.

- '저지방' 또는 '다이어트' 비스킷을 조심하라. 지방 성분을 줄인 비스킷은 종종 박스 종이를 씹는 것 같은 맛이 나기 때문에 제조업체들은 맛을 내기 위해 설탕 함량을 높인다.
- 플레인 버터, 연어, 참치, 치즈, 견과류 버터 등을 토핑한 귀리 비스킷이나 잡곡 크래커로 전환해 설탕 섭취량을 줄여라.
- 건강에 가장 좋은 선택은 당신이 직접 바를 만들어 먹는 것이다.

Tip 마음중심

아무 생각 없이 먹다 보면, 어느새 간식은 금방 사라진다. 그러나 역으로 생각하면 소량의 간식은 고강도의 주의력 집중 훈련에 더없이 완벽한 조건이다. 당신이 현재 즐기는 음식과 음료의 모양·냄새·식감·맛과 소리에 100% 집중한다면 간식으로부터 최대의 즐거움을 얻을 수 있다. 이는 곧 간식을 먹고 싶은 욕구가 줄어든다는 의미다. 보다 상세한 내용은 9장의 '작은 명상'을 참고하라.

습관

아래의 습관은 오후 슬럼프를 피하는 데 도움이 된다.

- 숙면을 취하라. 우리의 몸은 밤 11시와 새벽 1시 사이에 재생된다. 특히 스트레스에 대항해 호르몬을 분비하는 부신이 그렇다. 따라서 11시 이전에 잠자리에 들도록 노력하라.
- 아침과 점심에 고단백 음식과 건강에 좋은 지방을 섭취하라. 배를 든든하게 채워 줄 뿐 아니라 오후 시간을 버틸 수 있도록 도와준다.

- 점심 시간에 밖으로 나가 스트레칭을 하라. 몸을 움직이고 햇빛을 쬐면 오후 시간에 상쾌한 기분을 느낄 수 있다. 특히 팔과 다리를 스트레칭하면 두뇌가 자극되고 새로운 활력을 얻을 수 있다.
- 지속적으로 물을 마셔라. 탈수는 졸음을 유발한다. 갈증이 날 때는 이미 탈수 상태이므로 목이 마를 때까지 기다리지 말고 그 전에 물을 마셔라.
- 자리에서 일어나 움직여라. 사무실에서 일한다면 적어도 한 시간에 한 번씩 책상에서 일어나라. 또한 우체국이나 상점 방문 같은 가벼운 육체 노동을 오후에 할 수 있도록 미리 일정을 조정해라.
- 서서 일하는 스탠드형 책상을 고려해봐라. 기능이 많은 고가의 책상이 아니어도 상관없다. 필자의 경우 부엌 사이드보드 위에 노트북을 올려두고 서서 일한다.

운동

당신은 자리에 앉고 나서 1시간 반만 지나도 우리 몸의 신진대사가 멈춘다는 사실을 알고 있는가? 또한 하루 8시간을 앉아서 생활하면 심장질환, 암, 당뇨병의 발병률이 40% 증가한다는 사실도 알고 있는가? 한 번에 몇 시간을 앉아 있으면 대사율이 떨어지고 인슐린 감수성이 감소하며 지방 연소 시스템이 작동을 멈추기 때문이다.

하지만 좋은 소식도 있다. 하루 종일 앉아서 생활하기 때문에 발생하는 부정적인 효과를 상쇄할 만한, 믿지 못할 정도로 간단한 방법이 있다. 바로 매 15분마다 자리에서 일어서기만 하면 된다. 하찮게 보일 수도 있지만 자리에서 일어서는 과정에서 당신의 몸은 큰 변화를 경험한다. 근육은 수축하고 뼈는 자극을 받으며 심장 박동수는 증가한다. 또한 팔을 머리 위로 올리고 기지개를 켜는 것만으로도 큰 도움이 된다.

설탕이 듬뿍 들어간 간식은
우리에게 한 번 반짝하는 에너지를 주지만
어느새 곧 우리를 또 다른 에너지 슬럼프로 몰아간다.

저당 또는
무설탕 간식

강조하지만 당신의 몸이 하는 말에 귀 기울여라. 진정으로 배가 고파 간식을 원한다면, 가공식품보다는 진짜 음식을 선택하라.

어린이를 위한 간식

전문가들은 아이들의 좋은 행동에 대한 보상이나 화난 아이를 달래기 위한 수단으로 단 음식을 사용하지 말 것을 권고한다. 이는 특정 음식을 먹는 행위를 유쾌한 감정과 연결해 건강에 해로운 정서적 연대감을 유발하기 때문이다. 음식보다는 아래 제시된 활동을 참고해 재미있는 활동으로 보상하라.

- 놀이터에서 그네타기나 플레이센터 방문하기
- 가장 좋아하는 스포츠 활동 즐기기
- 수영장에서 수영하거나 해변에 놀러 가기
- 새 미술용품이나 컬러북 사기
- 가장 좋아하는 이야기책 함께 읽기
- 요리하거나 도서관 방문하기
- 친구들과 함께 놀기 또는 함께 잠자기

저녁 식사

> "제 가장 나쁜 습관은 밤에 진짜로 피곤하면 잠자리에 들지 않고
> 케이크와 비스킷을 먹는 것입니다."
>
> 카렌

하루 일과를 마치고 집에 돌아오면 너무 피곤한(또는 스트레스에 시달린) 나머지 저녁을 준비할 기운은 고사하고, 무엇을 먹을지 결정하는 일 조차 버겁게 느껴진 적이 있는가? 영국 국민보건서비스(NHS, National Health Service)의 발표 자료에 따르면, 5명 중 1명꼴로 항상 피곤함을 느낀다고 한다. 피곤함은 환자들의 아주 흔한 호소 증상이기 때문에 의 사들은 환자의 차트에 약자 TATT(항상 피곤: Tired All the Time)라고 적는 경우가 많다.

　업무 스트레스와 가족 문제까지 더해지면 극도의 피곤함으로 배달 음식이나 즉석음식이 아주 매력적인 선택으로 보인다. 하지만 대개의 경우 이러한 음식들은 설탕의 함량이 높고 음식 재료의 영양 상태도 의심스럽다. 사실 이는 필자가 아주 점잖게 표현한 것이다. 〈영국 의학저널(British Medical Journal)〉이 슈퍼마켓 자체 브랜드 즉석제품 100개를 분석한 결과, 단 하나의 제품도 세계보건기구가 제시한 영양 가이드라인을 충족하지 못한 것으로 밝혀졌다.

　설탕 섭취를 줄이고 혈당을 안정적으로 유지하는 것은 우리의 에너지 수준에 대단히 중요하지만 너무 피곤한 나머지 요리를 직접 해 먹지 못하고 결국 악순환의 고리에 빠지고 만다.

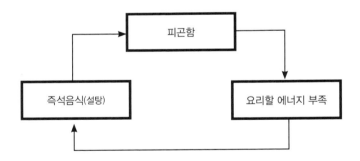

> "밤 늦은 시간이나 힘든 하루가 끝나고 지칠 때
> 설탕이나 초콜릿이 엄청 당깁니다."
>
> 조

> "직장에서 지루한 하루를 보낸 대가로 저녁이 되면
> 치즈 컬과 와인을 찾게 됩니다."
>
> 데릭

> "지칠 때면 탄수화물이, 저녁을 먹고 나면 초콜릿이 엄청 당깁니다."
>
> 카렌

저녁 식사에 숨어 있는
설탕의 함정

배달음식

현재 영국에서 가장 인기 있는 배달음식은 무엇일까? 놀랍게도 인도 음식이 아니라 중국 음식이다. 인도 음식은 2위 자리를 차지하고 있으며 피쉬 앤 칩스와 피자가 그 뒤를 잇고 있다. 가장 인기 있는 배달음식들 모두 공교롭게도 가장 많은 설탕으로 뒤범벅된 음식들이다. 치킨 티카 마살라에는 티스푼 8회 분량의 설탕이 들어 있으며 깐풍기에는 무려 티스푼 16회 분량의 설탕이 들어 있다. 이는 함께 딸려 나오는 볶음밥의 설탕 함량은 포함하지 않은 수치다. 또한 여기서는 이 음식들에 들어 있는 지방, 소금, 식품 착색제 등에 대해서는 굳이 거론하지 말자.

영국의 소비자 권익 감시단체가 중국 배달음식, 인도 배달음식 그리고 피자 배달음식의 설탕 함량을 조사한 결과, 중국 배달음식에는 인도 배달음식보다 3배 많은 설탕이 들어 있었다. 반면 피자 배달음식에는 가장 적은 양의 설탕이 들어 있었다. 그렇다고 피자가 좋은 음식이라는 말은 아니다. 대부분의 피자는 가공 밀가루를 도우로 사용하기 때문에 혈당을 빨리 상승시킬 수 있다. 따라서 두께가 얇은 피자를 선택하라.

또한 코르마와 페쉬와리 난 그리고 칠리소스처럼 의심할 바 없이 단 음식은 피하라. 설탕 함량이 적은 음식으로는 플레인 난과 함께 먹는 탄두리 같은 마른 카레 그리고 찐 채소 및 새우를 넣고 끓인 중국식 수프가 있다. 음식에 들어 있는 설탕 중 일부는 깐풍기와 피자 등을 조리할 때 사용되는 파인애플 같은 과일로부터 자연스럽게 얻은 천연 설탕이기 때문에 음식 메뉴를 선택할 때 이 점도 염두에 두어라.

물론 최선의 선택은 배달음식을 아주 특별한 경우로만 한정하고 집에서 직접 요리하는 것이다. 음식을 요리한다고 해서 몇 시간이나 고생할 필요는 없다. 이 책의 맨 끝에 있는 참고자료에 소개된 요리책을 찾아보거나 다음에 소개된 조리법들을 시도해보라.

미니 피자(1인용)

재료
- 토마토 퓌레(또는 수제 토마토소스) 2큰술, 통밀 피타빵 2개
- 시금치 잎과 신선한 민트 잎, 블랙 올리브, 체리 토마토 한 움큼
- 붉은 피망과 양파, 마늘 1/2~1쪽, 페타치즈, 소금과 후추

조리법
통밀 피타빵에 토마토 퓌레나 수제 토마토소스를 바르고 민트 잎 조각 2~3개
와 살짝 데친 시금치 잎을 올리고 블랙 올리브, 얇게 썬 마늘, 체리 토마토, 으
깬 페타치즈로 토핑하라. 소금과 후추로 간을 하고 그릴에 5분 정도 두어라.

콜리플라워 피자 베이스(2인용)

재료
- 콜리플라워, 달걀 1개
- 염소치즈 또는 체다치즈 100g, 소금과 후추

조리법
콜리플라워를 강판에 갈고 끓는 물에 삶아라. 이후 물기를 제거한 다음 달걀,
소금 및 후추 등과 섞어라. 혼합물을 피자 베이스 형태(약 1cm 두께)로 만든 다
음 베이킹 종이 위에 올려놓고 노릇노릇해질 때까지 오븐에서 30분 동안 굽고
당신이 좋아하는 토핑을 얹고 8~10분 정도 다시 구워라. 다른 맛을 원한다면
포토벨로 버섯이나 가지로 만들어보자.

토마토소스

재료
- 토마토 캔
- 코코넛 오일 1티스푼
- 얇게 썬 마늘 1쪽, 신선한 바질 1움큼, 소금과 후추

조리법
얇게 썬 마늘을 코코넛 오일로 1~2분 정도 부드럽게 볶아라. 토마토 캔과 찢은 바질잎(또는 말린 바질)을 첨가한 후 소스 양이 줄 때까지 약한 불로 끓여라. 소금과 후추를 약간 뿌린 다음 먹으면 된다. 한 번에 많은 양을 만들어 1회 분량으로 나눈 다음 냉동할 수도 있다.

즉석식품과 소스

영국의 소비자 권익 감시단체의 분석 자료를 보면 슈퍼마켓에서 팔리는 대부분의 즉석제품에는 티스푼 10회 분량의 설탕이 들어 있다. 비교하기 편하게 예시를 들자면, 작은 밀크 초콜릿바(45g) 하나에는 티스푼 6회 분량의 설탕이 들어 있다. 당신도 예상하는 것처럼 스위트칠리로 만든 제품이 특히 최악이다. 볶음밥과 함께 제공되는 깐풍기에는 티스푼 12회 분량의 설탕이 들어 있으며 쌀국수와 함께 제공되는 치킨 패드 타이에도 티스푼 9회 분량의 설탕이 들어 있다. 가게에서 팔리는 대부분의 소스에도 설탕이 첨가되어 있다. 다음의 표를 참고하라.

소스	설탕 함량(125g당)
바비큐소스	티스푼 3회
토마토와 허브 파스타소스	티스푼 2회
그린 타이 카레소스	티스푼 1회
카리비안 카레소스	티스푼 1회
크림 머쉬룸소스	티스푼 0.5회

건강에 보다 좋은 즉석식품과 소스를 구매하고 싶다면 다음의 사항을 기억하라.

- 언제나 영양 성분표를 확인하라. 설탕이 전혀 들어 있지 않거나 설탕이 성분표 하단에 자리한 제품을 구매하라.
- 만약 성분표에 발음조차 하기 힘든 재료가 많이 나열되어 있다면 그 제품을 그냥 선반에 그대로 두어라.
- 대부분의 즉석식품에는 2회 이상의 제공량이나 분량이 들어 있음을 명심하라. 한 번에 모두 먹을 때 설탕 섭취량을 제대로 계산하려면 1회 제공량당 설탕 수치에 해당 분량을 곱해야 한다.
- 이와 마찬가지로 소스의 영양 성분표 숫자도 얼핏 보면 그렇게 나빠 보이지 않지만, 우리들 대부분은 1회 제공량인 125g의 2~3배 분량을 먹는다는 사실을 기억해야 한다.

디저트

영국인이 푸딩을 좋아하는 것은 분명한 사실이다. 영국인 10명 중 4명은 푸딩이 섹스보다 낫다고 말할 정도다. 설탕을 먹을 때 우리 뇌는 기분을 좋게 하는 신경전달물질인 도파민을 분비한다. 그런데 우리 뇌가 정말로 원하는 것은 지방과 설탕의 결합이다.

기초 연구에 따르면 고당·고지방 식품은 우리 뇌에서 헤로인, 아편, 모르핀 같은 역할을 수행하며 허기를 통제하는 생물학적인 신호를 무력화시킨다. 바로 이것이 사람들이 가장 좋아하는 디저트가 과일 샐러드가 아닌 애플 크럼블, 치즈 케이크, 초콜릿 케이크 등인 이유다.

물론 디저트를 아예 먹지 말라는 것은 아니다. 다만 건강에 보다 좋은 디저트를 먹기 위해 아래의 사항을 참고하자.

- 집에서 디저트를 먹을 때는 작은 그릇을 사용하라. 그렇게 하면 디저트의 양이 커 보이고 실제 양보다 더 많이 먹는 것처럼 우리 뇌를 속일 수 있다.
- 과일과 요구르트를 주재료로 하는 신선한 디저트로 전환하라. 한 움큼의 채 썬 과일을 준비하고 그 위에 요구르트, 코코넛 플레이크, 구운 호두, 시나몬 가루를 뿌려라.
- 식당에서 식사할 때 디저트 대신에 커피 또는 치즈 플래터를 선택하고 메인 요리와 디저트보다 에피타이저와 메인 요리를 먹는 것이 낫다.
- 단 음식을 먹고 싶은 욕구를 느낄 때 단맛이 나는 허브차를 시도해보라.

메일 요리와 디저트보다
에피타이저와 메인 요리를 먹는 것이 낫다.
단 음식을 먹고 싶은 욕구를 느낄 때
단맛이 나는 허브차를 시도해보라.

술

누구나 음식과 관련해서 자신만의 약점이 있기 마련이다. 필자처럼 당신의 아킬레스건이 와인이라면, 아예 술을 끊을 필요는 없다는 사실에 일단 안도감을 느낄 것이다. 다만 음주 습관을 바꿔 설탕을 덜 먹도록 해야 한다.

영국 일간지 〈데일리 텔레그래프(Daily Telegraph)〉가 2014년 실시한 조사에 따르면, 한 유명 아일랜드 크림 술의 설탕 함량(100ml당 티스푼 5회 분량)이 가장 높았고 그 뒤를 셰리주와 사과주가 따랐다. 이와는 대조적으로, 대부분의 와인·맥주·샴페인에는 1잔당 티스푼 1회 미만의 설탕이 들어 있는 것으로 밝혀졌다.

설탕 함량만으로 본다면 와인과 맥주가 더 나은 선택이다. 그 이유는 과일·곡물·베리 등에 들어 있는 천연 설탕 대부분이 발효 및 증류 과정에서 알코올로 전환되기 때문이다. 드라이 사이다는 사탕보다는 낫지만 와인이나 맥주, 증류주보다 더 많은 설탕을 함유하고 있다. 술을 선택할 때는 뒤에 나오는 표를 참고하자.

설탕 섭취를 줄일 수 있는 현명한 음주 요령도 알아두면 좋다. 와인이나 사과주는 드라이할수록 좋다. 레드 와인은 화이트 와인보다 과당의 함량이 낮고, 맥주와 흑맥주에는 과당이 아닌 맥아당이 들어 있다. 맥아당은 과당보다 소화하기에 더 편하다. 그러나 일부 라거와 에일 맥주는 맛을 더하기 위해 설탕이나 벌꿀을 첨가하는 경우가 있어 맥주병

나쁜 선택	좋은 선택
디저트 와인	와인(특히 드라이한 것)
셰리주	맥주와 흑맥주
포트 와인	증류주(진, 보드카, 위스키)
스위트 사이다	드라이 사이다
과일 칵테일	
스위트 리쿼	
토닉 워터 등의 혼합주	

의 성분표를 항상 확인해야 한다.

또한 샴페인에는 다른 술보다 더 많은 과당이 들어 있어 그다지 좋은 선택이 아니다. 스파클링 와인이나 샴페인을 마실 때는 엑스트라 드라이, 브뤼트, 엑스트라 브뤼트(이 중 엑스트라 브뤼트가 가장 드라이하다) 등급을 골라라.

토닉 워터나 과일주스 등을 넣은 혼합주는 1잔에 티스푼 8~10회 분량의 설탕이 들어 있기 때문에 특히 경계해야 한다. 술에 아무것도 타지 말고 증류주 원액(소량)을 스트레이트로 마시는 것이 좋지만 만약 섞어 마신다면 소다수를 택하라. 특히 체리나 라즈베리맛을 더한 사과주처럼 다른 맛을 첨가한 술은 피하라.

술은 텅빈 칼로리가 높기 때문에 과음할 경우 영국 성인 4명 중 1명이 걸린 것으로 추정되는 대사증후군[5] 을 포함해 수많은 건강 질환을 유발하는 것으로 알려져 있다. 설탕 섭취를 줄이다 보면 자연스럽게 술에 대해 보다 엄격해지는 자신의 모습을 발견할 수 있다. 아래의 가이드라인을 준수하자.

- 공복에 술을 마시지 말라. 술을 마실 때 식사를 함께 하면 설탕이 간에 도달하는 속도를 줄일 수 있다.
- 정부가 발표한 안전음주 수칙을 지켜라. 가이드라인은 성인 남성 기준 하루 3~4잔(알코올 4% 맥주 855ml와 동일량), 성인 여성 기준 하루 2~3잔(알코올 13% 와인 175ml와 동일량)이다.
- 일주일에 최소 이틀은 술을 마시지 않는다.

저당 또는 무설탕 저녁 식사

주중에 빠르게 준비할 수 있는 저녁 식사 메뉴를 간단하게 정리해두었다. 카레, 파이, 스튜처럼 냄비 하나로 만들 수 있는 요리는 설거지

---

5 대사증후군은 당뇨병, 고혈압, 비만 등의 증상이 복합적으로 나타나는 것을 지칭하는 의학 용어다.

시간을 줄여줄 뿐 아니라 한 번에 많은 양을 만든 다음 냉동 보관하기에도 좋다.

저녁 메뉴

- 볶은 양배추 잎을 곁들인 폭찹이나 램찹
- 고구마칩과 케일을 곁들인 마리네이드 양념 닭가슴
- 그린 페스토와 레몬 슬라이스와 함께 구운 흰살 생선 필레와 삶은 녹색 채소
- 레드 페스토, 체리 토마토, 블랙 올리브로 토핑한 연어 필레와 그린빈
- 채소 또는 고기 카레
- 채소 스튜
- 생선 파이
- 해산물 또는 생선 스튜
- 수제 피자
- 중화 볶음요리와 수프
- 타이 카레(무설탕 타이 그린 카레를 코코넛 우유에 부은 다음 피망, 호박, 어린 옥수수, 밤, 버섯, 그린빈, 라임, 코리앤더와 함께 끓여라)
- 후무스와 파슬리로 토핑한 구운 고구마와 채소 샐러드

마음중심

TV 시청이나 수다에 정신이 팔려 항공기의 자동운항 모드처럼 저녁 식사를 하는 경우가 종종 있다. 당신의 몸이 보내는 배고픔의 신호를 찾기 위해 9장에서 제시한 5번째 기술인 '만족감을 느낄 때까지 먹어라.'를 시도하라. 식사가 끝나갈 무렵 당신의 위에 집중해 1~10까지의 척도 중 얼마나 배부른지 측정하라. 7정도에 이르면 먹기를 중단하고 당신의 위장이 70~80% 정도 차 있다고 상상하라.

습관

한밤중에 자주 잠에서 깨거나 아침에 일어나도 피곤하다면 이는 어쩌면 저녁 식사 후 먹은 초콜릿의 영향 때문일지도 모른다. 잠자리 들기 전에 즐기는 설탕이나 곡물 간식은 혈당을 끌어 올리고 치솟은 혈당은 한밤중 어느 순간에 다시 급격히 떨어진다.

사실 이 현상은 당신이 오후 3시 사무실에서 겪는 오후 슬럼프가 밤에 반복되는 것에 불과하다. 다만 당신은 사무실이 아닌 침대에서 잠을 자고 있으며 시간은 새벽 2시고 이제 4시간만 지나면 일어나야 한다는 사실로 스트레스를 받는 것만 다를 뿐이다.

따라서 잠들기 전 야식을 즐기는 습관을 완전히 떨쳐내야 한다. 진짜로 무언가를 먹고 싶고 허기 때문에 도저히 잠을 잘 수 없다면 한 줌의 견과류와 씨앗이 좋은 선택이 될 수 있다. 이들 음식에는 L-트립토판이 들어 있어 어둠이 수면을 유발할 때 멜라토닌으로 변하는 세로토닌의 분비를 촉진하기 때문이다. 트립토판은 달걀, 가금류, 육류, 생선, 치즈처럼 단백질이 풍부한 대부분의 음식에 들어 있다. 헤이즐넛 버터 또는 바나나 1/3개, 코코넛 우유, 1스푼의 견과류 버터로 만든 스무디에 배를 찍어 먹어보라. 캐모마일 차 또한 마음을 차분하게 해주는 진정효과가 있다.

운동

퇴근 후 집에 도착할 때쯤 운동하겠다던 다짐이 급격히 약해진다면, 당신의 뇌를 속여라. 우선 스스로에게 10분 정도 가볍게 산책하거나 15분 정도 헬스 운동을 하겠다고 말하라. 일단 시작하면 당신은 아마 그 이상을 하게 될 것이다. 그렇게 하지 못해도 여전히 축하할 일이다. 당신은 몸을 움직였고 그것은 시도할 만한 가치가 있는 습관이기 때문이다.

 숙면을 돕는 10가지 방법

숙면은 배고픔을 느끼게 하는 호르몬인 그렐린의 수치를 낮추고 포만감을 느끼게 하는 호르몬인 렙틴의 수치를 올린다. 아래의 10가지 습관은 숙면을 돕고 다음 날 식욕을 최소화해준다.

- 매일 밤 똑같은 시각에 잠자리에 들어라. 동일한 취침 시각은 당신의 몸이 수면 리듬에 빠지도록 돕는다.
- 마음이 편안해지는 규칙적인 행동 습관을 만들어라. 욕조에 몸을 담그고, 감미로운 음악을 듣고, 영성을 고양하는 책을 읽고, 숨쉬기와 스트레칭 또는 명상처럼 마음을 편안하게 하는 수행을 시도하라.
- 저녁 식사 조명을 촛불로 바꾸어보라. 잠자리에 들기 전 과도한 불빛에 노출되면 멜라토닌의 긍정적인 효과가 감소한다. 조명을 어둡게 하거나 초를 켜라. 촛불은 부드럽게 우리의 마음을 어루만진다(여기에는 생물학적인 원인도 있다. 촛불은 우리 뇌에 작은 '불'로 인식된다).
- 일하는 걸 멈춰라. 잠자리에 들기 최소 1~2시간 전에 하던 일을 멈춰 당신의 마음에 휴식의 시간을 주어라.

잠들기 전 야식을 즐기는 습관을 완전히 떨쳐내야 한다.
진짜로 무언가를 먹고 싶고 허기 때문에
도저히 잠을 잘 수 없다면
한줌의 견과류와 씨앗이 좋은 선택이 될 수 있다.

어린이를 위한 디저트

아이들이 좋아할 만한 디저트도 조금 소개하고자 한다. 조리법이 어렵지 않아 쉽게 따라할 수 있다. 아래의 디저트를 만드는 데 몇 초면 충분하다.

- **망고와 코코넛 아이스 롤리:** 잘 익은 망고 1개를 라임주스, 코코넛 우유 1캔과 함께 갈아라. 그다음 롤리팝 거푸집에 부은 다음 얼린다.
- **니키보커 글로리:** 긴 유리컵에 블루베리와 라즈베리 그리고 말린 코코넛과 혼합한 그리스식 요구르트를 부어 겹겹이 쌓아라. 마지막으로 잘게 썬 견과류를 맨 위에 얹고 벌꿀을 뿌려라.
- **바나나 선디:** 바나나를 몇 조각으로 자르고 베리 아이스크림 몇 국자를 넣어라. 마지막으로 코코넛 플레이크를 맨 위에 얹고 고품질의 초콜릿액을 뿌려라.
- **초콜릿 무스:** 뒤에 나오는 성인을 위한 조리법을 그대로 따르되 오렌지주스와 함께 갈아라. 또한 더 달콤한 맛을 원하면 벌꿀을 약간 추가하고 말린 코코넛을 맨 위에 뿌려라. 초콜릿 민트맛을 원한다면, 오렌지를 빼고 페퍼민트 추출액을 첨가하라.

디저트 조리법

베리 아이스크림(2인용)

재료
- 냉동 또는 신선한 베리 2움큼
- 아몬드 우유
- 견과류 버터 1스푼

조리법
모든 재료를 믹서기에 넣어 함께 간 다음 혼합물을 플라스틱 용기에 붓고 2~4시간 동안 냉동시킨다.

초콜릿 무스(2~3인용)

재료
- 아주 잘 익은 아보카도 2개
- 천연 카카오 파우더
- 티스푼 1회 분량의 벌꿀(또는 당신이 좋아하는 감미료)

조리법
모든 재료를 믹서기에 넣고 함께 간 다음 카카오 파우더나 벌꿀을 필요한 만큼 더 추가한다. 다른 맛을 내고 싶다면 오렌지 껍질이나 주스 또는 바닐라 추출액 몇 방울을 첨가하라.

튀긴 파인애플(1~2인용)

재료
- 파인애플 슬라이스 2개
- 플레인 요구르트 또는 그리스식 요구르트

조리법
코코넛 오일에 파인애플 슬라이스를 튀긴 다음 약간의 요구르트와 시나몬을 뿌려라.

코코넛 팬케이크(6개)

재료
- 달걀 2개
- 코코넛 오일 2큰술
- 코코넛 우유 5큰술
- 소량의 소금
- 베이킹 파우더
- 코코넛 분말 2큰술
- 씨앗, 블루베리, 라즈베리 등 당신이 좋아하는 토핑 재료 한 줌

조리법
믹서기로 모든 재료를 갈아 팬케이크 반죽을 만들어라. 반죽을 5분 정도 그대로 두어 두꺼워지게 한다. 씨앗, 블루베리, 라즈베리 등을 그 반죽에 넣고 휘저어라. 반죽을 약한 불로 튀긴 다음 마카다미아 크림과 베리소스와 함께 먹어라.

마카다미아 크림(3~4큰술 분량)

재료
- 마카다미아 한 줌
- 오렌지주스
- 메쥴medjool 대추야자 2개
- 바닐라 열매 1/4개

조리법
모든 재료를 함께 믹서로 간 다음 물과 코코넛 오일을 추가해 당신이 원하는 농도를 얻어라. 크림은 냉장고에서 약 3일 정도 신선한 상태를 유지할 수 있다.

베리 소스(2인용)

재료
- 혼합 베리 2움큼
- 강판에 썬 오렌지 껍질
- 작게 썬 생강
- 약간의 벌꿀

조리법
소스팬에 베리, 오렌지 껍질, 생강 등을 넣고 필요하다면 약간의 물을 추가해 스튜처럼 끓여라. 맛을 내고 싶다면 약간의 벌꿀을 추가하라. 아이스크림이나 소베트 위에 뿌려 먹어라.

작은 변화를 실천하고,
반복하면 된다

설탕 섭취를 줄이기 위해 자신에게 모질고 엄격해질 필요는 없다. 당신이 먹는 모든 음식을 하나하나 분석하는 것이 당신의 건강과 행복을 위한 비법도 아니다. 또한 어느 누구도 가족이나 친구들과 함께 즐기는 생일파티나 기념일을 달랑 컵케이크 하나로 망치고 싶어하지 않는다. 만약 당신이 균형 잡힌 식사를 즐기는 사람이라면, 가끔 먹는 단 음식이 지금껏 당신이 실천해온 모든 노력을 수포로 돌리지도 않는다. 가장 중요한 것은 당신이 매일매일 하는 행동이다.

탄산음료와 가공식품은 설탕의 최대 공급원이다. 바로 이들이 우리가 점진적인 단계 접근법을 집중해야 할 대상이다. 설탕이 많이 들어간 아침 식사 시리얼을 저당 제품으로 교체하는 일이 충분히 할 만하고 또한 어렵지 않다고 느껴진다면, 바로 거기서 시작하면 된다. 행복 식사법이 흥미롭게 느껴진다면 그곳에서 단계별 접근법을 시도하면 된다. 거듭 말하지만 단계적 접근법은 처음에는 하찮아 보이지만 곧 누적되어 큰 효과를 거둘 수 있는 최고의 방법이다.

- 아침에 마시는 주스를 허브차로 바꾸면 티스푼 8회 분량의 설탕을 줄일 수 있다.
- 시중에서 판매되는 시리얼바 대신에 한 움큼의 견과류를 섭취하면 티스푼 3회 분량의 설탕을 줄일 수 있다.
- 탄산음료 대신 탄산수를 마시면 티스푼 8회 분량의 설탕을 줄일 수 있다.
- 배달음식 대신 집에서 직접 요리를 해 먹으면 티스푼 5회 분량의 설탕을 줄일 수 있다.

이 작은 변화들이 쌓이면 하루에 티스푼 24회 분량의 설탕을 줄일 수 있다. 일주일이면 168회 분량의 설탕을 줄이는 셈이다. 이는 고작 4가지의 습관을 바꾼 결과다. 즉 이는 당신이 할 수 있는 일 중에 빙산의 일각에 지나지 않는다. 3~6개월 후에 이 책의 초반부에 있는 중독검사를 다시 한 번 실시해보면 얼마나 많은 변화가 있었는지 알게 될 것이다.

작은 변화를 실천하라. 그리고 자신의 노력을 경축하고 반복하라. 다음 날 일어나면 다시 하라. 불교의 오랜 경구에 이런 말이 있다. "만약 당신이 올바른 방향을 향하고 있다면, 당신이 해야 할 일은 그저 계속 걷는 것뿐이다."

이 책에서 다룬 주제에 대해 더 배우고 싶다면 아래의 도서, 웹사이트 및 DVD 리스트가 도움이 될 것이다.

설탕

- 『설탕 독: 왜 설탕은 우리를 뚱뚱하게 만드는가(Sweet Posion: Why Sugar Makes Us Fat)』(데이비드 길레스피, 펭귄출판사, 2013)
- 『비만의 가능성: 설탕의 숨겨진 진실, 비만 그리고 질병(Fat Chance: The Hidden Truth About Suar, Obesity and Disease)』(로버트 루스틱 박사, 에스테이트 출판사, 2014)
- 『탄수화물과 두뇌: 밀, 탄수화물 그리고 설탕은 당신의 뇌를 조용히 죽인다(Grain Brain: The Surprising Truth about Wheat, Carbs, and Sugar-Your Brain's Silent Killers)』(데이비드 펄머터, 옐로우 카이트 출판사, 2014)
- 『설탕의 독(Pure, White and Deadly)』(존 유드킨, 펭귄출판사, 2012)

요리법

- 『병을 치료하는 요리사: 음식으로 건강해지는 법(The Medicinal Chef: Eat Your Way to Better Health)』 (데일 피노크, 콰드릴, 2013)

- 『병을 치료하는 요리사: 매일 건강한 하루(The Medicinal chef: Health Every Day)』 (데일 피노크, 콰드릴, 2014)

- 『설탕을 평생 끊기로 결심하다(I Quit Sugar For Life)』 (사라 윌슨, 맥밀란, 2014)

건강한 식습관과 진짜 음식

- 『음식을 위한 변명(In Defence of Food: An Eater's Manifesto)』 (마이클 폴란, 펭귄 출판사, 2009)

- 『음식 규칙: 먹는 자를 위한 매뉴얼(Food Rules: An Eater's Manual)』 (마이클 폴란, 펭귄 출판사, 2010)

- 『원시의 청사진(The Primal Blueprint)』 (마크 시슨, 버밀리온 출판사, 2012)

- 관련 웹사이트: www.marksdailyapple.com

단계별 접근법

- 『작은 한 걸음이 당신의 삶을 바꾼다(One Small Step Can Change Your Life)』 (로버트 마우어, 워크맨 출판사, 2004)

마음집중

- 『5분 명상: 당신의 몸과 마음을 진정시키는 방법(The 5-Minute Meditator: Quick Meditations to Calm Your Body and Mind)』 (에릭 해리슨, 파아트쿠스 출판사, 2003)

- 『머리 속 공간을 확보하라: 10분의 차이를 만든다(Get Some Headspace: 10 Minutes Can Make All the Difference)』 (앤디 퍼디콤, 호더 출판사, 2012)

요가 DVD

- 아소카난다 〈요가의 힘과 크리야 요가〉(Yogi Power Yoga&kriya Yoga)

- 로드니 이 〈한 주 동안의 AM 요가 수행〉(Am Yoga for Your Week)

- 로드니 이 〈파워 요가와 완벽한 몸〉(Power Yoga Total Body)

- 관련 웹사이트: www.yogaglo.com

독자 여러분의
소중한 원고를 기다립니다

★ 메이트북스는 독자 여러분의 소중한 원고를 기다리고 있습니다. 집필을 끝냈거나 혹은 집필 중인 원고가 있으신 분은 khg0109@hanmail.net으로 원고의 간단한 기획의도와 개요, 연락처 등과 함께 보내주시면 최대한 빨리 검토한 후에 연락드리겠습니다. 머뭇거리지 마시고 언제라도 메이트북스의 문을 두드리시면 반갑게 맞이하겠습니다.